原発事故から這いあがる!

有機農業ときどき人形劇

はじめに

ロシナンテ社　四方 哲

福島県中通りには有機農業を生活の糧にしてきた農家が何軒もあります。大河原伸さん・多津子さんご夫妻も有機農家です。おふたりは30年前に葉タバコ中心の農業から有機農業へと転換しました。当時、有機農業を始めた農家と同じようにお客さんを少しずつ開拓しての営みでした。

そんなおふたりの収入源は農業となんと人形劇なんです。出稼ぎじゃなくて人形劇です！　何かステキというか、すごいと思いました。

多津子さんは地元の福島大学教育学部で学んでいました。その頃人形劇に出会ったそうです。そしてプーク人形劇アカデミーで学びました。そんな多津子さんは１９８５年、有機農業を営む大河原伸さんと結婚します。夫の伸さんはギターを抱えて歌うシンガーでもあるんです。半年後に、ふたりだけの人形劇団「赤いトマト」を結成します。その人形劇は大がかりなものではありません。子どもの頃小学校の体育館で、人形劇団のお兄さん、お姉さんたちが汗をかきかき一生懸命にやっていた、あんな感じです。以来、県内の幼稚園などを中心に上演してきました。その回数は１８００回を超えています。

２０１１年３月11日。東日本大震災、原発事故。原発から39㎞、大河原さんの農地にも放射性物質は降り注ぎます。そのなかで試行錯誤を続け、農業を続けます。

しかし、大河原さんの友人でもあるシイタケ農家はシイタケ作りを続けることができなくなりました。その農家の悲しみを多津子さんは人形劇に仕立てました。

２０１１年の福島原発事故で影響を受けた人たちはとても多かったのですが、友人夫婦も人生設計をメチャクチャにされてしまいました。プライドを持って育ててきたシイタケが、まさか核のゴミになるとは…。

そのことじたい大変な悲劇ですが、さらにその事実を世の中の多くの人が知らない、あるいは「賠償金をもらったんだから、いいんじゃないの…」と忘れていく。心に受けた傷が癒えることはないのに――。

原発事故で何があったのか。マスコミの報道量がどんどん少なくなってきています。大河原さんは、学生時代から続けている人形劇という表現方法で、夫妻の悲しみを伝えていこうと決めたのです。

おふたりの暮らす船引は郡山市に隣接します。首都圏にも近いです。それゆえ、有機農業で生計を立てることが可能です。原発事故のあと、そのお客さんがどんどん減りました。放射性物質の移行は作物によって大きなバラツキがあります。お米はまず問題がない、野菜もほぼ大丈夫です。一方、キノコ類や山菜などからは厳しい数値が出ます。そんな情報をていねいに発信して、福島県の農家は新たにお客さんとの関係を作り直しています。

もくじ

第3章　世界で一番美しい「福島」のために…75

第1章

人形劇が語る原発事故

農業に生きるプライド

　福島県中通り、阿武隈山地のふもとに位置する田村市船引町で、夫・大河原伸が有機農業を始めて34年目になります。始めた頃は「有機農業」という言葉じたいが一般的でなく、夫は顧客の獲得にとても苦労したそうです。理解ある友人、知人に紹介してもらいながら、お客様を増やし、ようやく生計のめどが立つかと思い始めていた29才の時、私たちは出会い、結婚したのです。

　私・大河原多津子は郡山市の瓦屋の娘で、学生時代に有吉佐和子著の『複合汚染』を読んだことがきっかけとなり、農民になりたいという希望を持ちました。「人間の歴史に飢餓はつきものだった。けれど鍬（くわ）と種と技術があれば、きっと飢えることはない。将来親になったとしても我が子にひもじい思いをさせることはないだろう」と考えたのは21才の時でした。

　1985年5月に結婚し、田畑約1ヘクタール、牛・鶏を飼う暮らしが始まりました。同年8月、あの飯舘村の廃校で行われた演劇ワークショップにふたりで参加したことから、「劇団赤いトマト」の活動がスタートします。演じることのおもしろさを知り、このまま手放したくないと立ち上げたもので、共通の遊びのような感覚でした。以来31年、春から秋は農作業、冬は幼稚園や保育所などからの依頼を受けて人形劇というサイクルが、徐々に作られていきました。

子どもは二男三女に恵まれ、明治9年に建てられたいわゆる古民家の我が家には、たえず笑い声と泣き声、怒鳴り声とが入り乱れ、怒涛のように月日は流れました。経済的には決して豊かではありませんでしたが、夫の両親も同居の9人家族がズラリ並んだ食卓には、季節折々の野菜料理が大皿に盛られ、ペチャペチャしゃべり、パクパク食べて、私たちは年を重ね、子どもたちはそれぞれ個性豊かに育っていきました。

２００９年にじいちゃんが亡くなり、長男は沖縄で三女がアメリカで学び、家族6人で生活していた２０１１年３月、巨大地震そして原発事故に我が家もまた飲み込まれてしまいました。

「生活の基礎がこわれる」ことを初めて経験し、途方に暮れました。「身体に良い物」を作ってきたはずなのに、放射能が降り注いだ田畑で、放射能を含んだ農産物を栽培するのか…、どの顔でそれを消費者に差し出すのか…。

不可抗力に汚されたとは言え、29年間真っすぐに貫いてきた私たちの姿勢もプライドもねじ曲がり、二度と再び修正することはできないのか…。

窒息しそうな苦しい時間が続きました。それは福島に生きる人たちにみな等しく流れたものでした。

思い悩んだ末、私たちが出した結論は「ありのままにデータを提示し、それでもつながる意思を示してくれる方々を探そう」でした。「まじめに正直に働く」ことを確認し合い、その後の私たちの行動はくやしさを原動力として一気に進むことになりました。

小さな販売の会社を立ち上げ、我が家の農産物にとどまらず、直売所の仲間の品々をなんとか売ることに努め、２０１３年7月に隣町の三春町に直売所兼カフェを建設しました。総工費３０００万円という身のほど知らずの立派な店です。「こんな時に大河原はいったい何を考えているのだ?」という批判が立ちのぼったと思います。けれど、そうせざるを得なかったのです。私たちには真っ暗な闇の中に灯る確かな明かりが必要でした。もがく先に希望があれば、人は生きていけます。

あの日を風化させないために

放射能の汚染がまだら模様であるように、原発事故による影響もまた様々です。米や野菜から問題になるようなベクレルが検出されなかった私たちに対して、直売所仲間の宗像さんが35年大切に育ててきた原木シイタケにはとてもつらいデータが出ました。

山の引水のみで栽培されたシイタケは、肉厚で大変味わい深いものでした。キノコ類の移行係数（土壌から吸い上げる放射性物質の割合）は野菜や穀物の約１００倍と言われています。宗像さんは6万本の原木、4トンのシイタケとともに「仕事」を奪われてしまったのです。雑木林に整然と組み上げられた原木と、ここにもあちらにもかわいらしく茶色の傘をチョンと付けるシイタケたち。静かに暖かく降る陽光の中の美しいその風景が、まさか核汚染の霧に包まれることになるとは、あまりにも残酷な現実でした。

35年かけて築いてきた実績と誇りが、原発事故によって打ち砕かれただけでもつらいのに、その事故じたいが時間の経過とともに忘れ去られようとしていることが、私には耐えがたいのです。なぜ、あれほどの事故が起きたのにこの国の原発政策は変わらないのか。2011年3月11日、地震直後の突然の吹雪、この世の終わりかと思ったほど、空は暗く大地は止むことなく揺れ続きました。

福島第1原発の1号炉、3号炉が吹き飛ぶ映像を見た時の全身の血液が凍るような衝撃、国道を走る自衛隊の車列、サイレン、バラバラとひっきりなしに飛ぶヘリコプター、行き交う誰もが不安な目をしていたあの日々を、私たちは忘れてはいけないのです。

まるで事故がなかったかのように、あるいはその影響がとても小さかったというような風潮が恐ろしいのです。その空気の先にあるのは、きっと再び同じことが起きるという気持ち悪いほどの胸騒ぎです。一度原発事故が起きれば、もう二度と以前のふるさとには戻りません。

苦しみや悲しみを忘れる作用は、平和な人生を送るためには必要なのでしょう。けれど決して忘れてはいけないことがあるのです。この先の人生のなかで、私は人形たちに繰り返し原発事故の罪、原発そのものの愚かさを語らせようと思っています。

福島という池に突然投げ入れられた巨大な石、世界中を震撼させた放射能の波も、1年もたたないうちに記憶の隅に追いやられ、福島から離れれば離れるほど、何もなかったかのような錯覚にとらわれます。いえ、住んでいる人たちも「遠く過ぎ去った事故」のように、今さら振り返らなくなりつつあります。池の底ではいまだに放射能を強力に放ちながら石は沈んでいるのに…。

廃炉と核廃棄物の処理に今後どれだけの費用が使われるのか、皆目見当のつかないまま私たちはたぶん死んでいきます。顔がひきつるほどの残務と負債を残して――。

私の愛する子どもたちやかわいい孫が、それぞれの地で核の脅威におびえることのない健やかな暮らしを持ってほしい。日本中の、世界中の人々が、5年前の私たちのような空にさまよう光のない目をすることがないように祈ります。あきらめないで一つひとつ豊かな明日を作る努力をすれば、夢はかなうと信じたいと思います。

さて、人形劇に登場する人形は太郎と花子のふたり。太郎はシイタケを栽培する農家。そのシイタケは「山のアワビ」と言われるほどおいしいのです。太郎は花子に恋をして、告白します。そんな人形劇のシナリオです。

『人形劇』太郎と花子のものがたり

原作　大河原　多津子

―第1場―

ナレーター「1975年」

（太郎と花子　シイタケ栽培の山に登ってくる）

太　郎「花子ちゃん、ここが俺のシイタケ山だ」

花　子「うわあ、気持ちがいいねえ」

太　郎「うん、ここでな、山のあわびみたいなうんめえシイタケを作るのが俺の夢なんだ」

花　子「うん、いい夢だね」

太　郎「そこでな、その夢、花子ちゃんに手伝ってもらえねえかな」

花　子「えっ？　それってどういうこと？」

太　郎「つまり、俺とけっ、けっ、結婚してもらえねえかな！」

花　子「えっ？」

太　郎「だっ、ダメがい？」

（しばらく考えて）

花　子「いいよ、私、太郎さんと結婚する。そして太郎さんの夢、一緒に実現する」

太郎「ほんとに？」
花子「うん」
太郎「やったぁ！　いやあ緊張したぁ。断られたらどうすっかと思ってた」
花子（笑う）
太郎「緊張したらのどが渇いたな。
　花子ちゃん、家さ帰ってあっついコーヒーでも飲まねえがい？」
（花子うなずき　ふたり笑いながら退場）

―第2場―


ナレーター「２０１０年、春」

（太郎　シイタケ収穫用のカゴを持って登場）

太郎（鼻歌を歌っている　曲名は「酒と泪と男と女」）

「いやあ、いいシイタケだねえ。肉厚で香りもいい。これを網で焼いてしょうゆをちょいとたらす。最高だ！　シイタケさん、ありがとよ」

（花子の声がする）

花子「あんた、あんた！」

太郎「おう、ここだ。西山だ！」

（花子登場）

花子「鈴木さんから注文のファックスが来たよ。明日までに３００円の袋、１００袋、送ってくれって」

太郎「いやあ、ありがたいねえ。
鈴木さん、いっつもうちのシイタケは山のあわびみてえにうめえって言ってくれるもんなあ」

花子「ほんと！」

太郎「シイタケ作って35年。
ようやくお客様から直接、注文が来るようになったもんなあ」

花子「ありがたいねえ。
ところで、あんた。今日はなんの日だかわかるかい？」

太郎「今日か？」

（花子うなずく）

太郎「じい様の命日は終わったし。あっ、ともこの誕生日か？」

花子「違うよ」

太郎「あれっ、なんだべなあ」

花子　「今日は私たちの結婚記念日！」

太郎　「ああ！　そうか！　忘れてた！」

花子　「結婚して35年」

太郎　「いろんなことがあったなあ」

花子　「そうだない」

（周りを見回して）

今日は気持ちがいい日だこと！

なんだか歌を歌いたくなっちまうなあ」

太郎　「歌ったらいいべよ」

花子　（歌う）

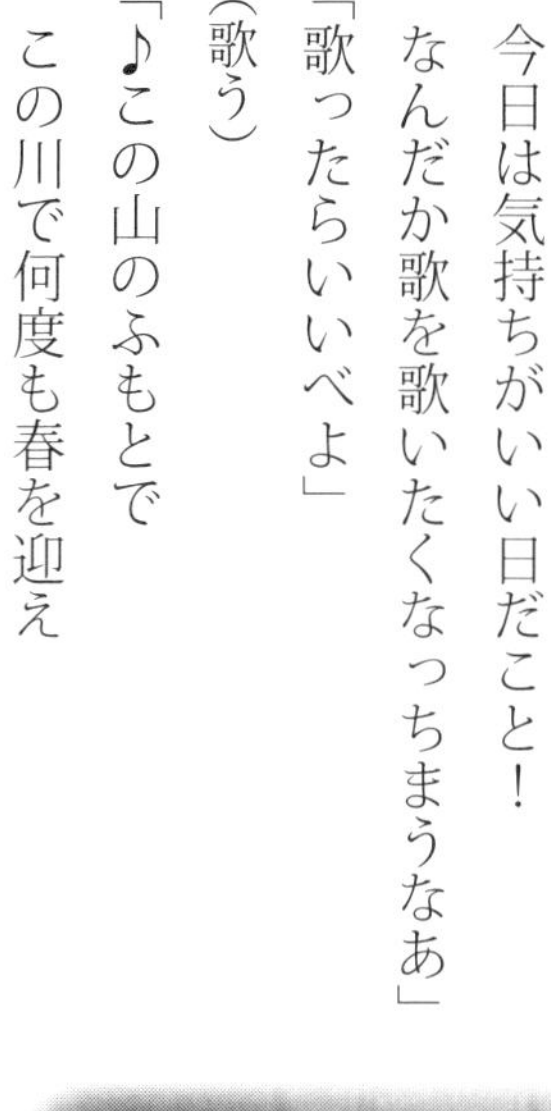

「♪この山のふもとで

この川で何度も春を迎え

秋を過ごしたことだろう

あんたとともに

愛は確かに育ってきた

毎日の仕事のなかに♪」

―第3場―

ナレーター「そして、２０１１年3月11日」
（太郎、山に登ってくる）

太　郎　（シイタケの木に向かって）

「今年もよろしく頼むぞ。そうだ、３時に早川君が来るって言ってたな。家に帰ってなくちゃいけないか。

あれっ、なんだ。地鳴りか？

（身体が大きく揺れる）

こんなでっかい地震は初めてだ。

ばあちゃん、花子お！」

（よろめきながら退場）


―第4場―

ナレーター「福島の何もかもが、放射能に汚染された」
（放射能の人形がゆっくり出て、消える）

風評人形1「やっぱり福島の物は、今ちょっと食べられないようなあ」
風評人形2「農業や漁業関係の人たちは気の毒だけどね」
風評人形3「でもさあ、原発を受け入れたってことは、事故のリスクも受け入れるってことだろう？　だいたいねえ、原発立地町村は、今までいっぱいお金をもらってきたんだよ」
風評人形4「えっ？　そうなの？」
風評人形3「そうだよ。なんたら交付金っていろいろお金が出てたんだよ」
風評人形4「へええ」
風評人形3「だからさ、福島県の人間は、背中に重い十字架を背負って生きていくのも、仕方ないのさ」
風評人形4「ふーん。お金もらってたんなら仕方ないか」

―第5場―

（太郎と花子が　布団の中で話す）
太　郎「この頃、眠ってねえんだべ。早く寝ろ」
花　子「原木6万本、シイタケ4トン、全部捨てろだなんてあんまりだ」

太郎「しょうがねえべ。国が決めたことだ」

花子「だってうちのシイタケは3回検査したって、基準値超してないんだよ」

太郎「国が決めたことだ。俺たちにはどうにもならねえ」

花子「あたしら、なんでこんな思いしなくちゃいけねえの。一生懸命シイタケ作ってきただけなのに…」

太郎「俺に聞くな」

花子「子どもたちや孫はどうなんの？放射能大丈夫なんだべか？なんでこんなことになっちゃんだべ。あたしら何か悪いことしたのかい？」

太郎「くそお！」

花子（泣き声がひびく）

―第6場―

ナレーター「少し先の未来」

（年老いた太郎と花子が静かに登場）

太郎　「山も、川も、もう元には戻らない」

花子　「放射能は簡単に消えない」

太郎　「命よりも、」

花子　「愛よりも、」

太郎　「金儲けを優先させたこの国は、」

花子　「取り返しのつかない原発事故を起こした」

太郎　「故郷を失くした人々、」

花子　「仕事を失くした人々、」

太郎　「家族はバラバラ、」

花子　「若い人や子どもたちの身体のことが、いつもいつも気になる」

太郎　「農民や漁民は、プライドをズタズタにされてしまった」

（間）

太郎　「今でもたくさんの人が苦しんでいる」

花子　「今でもたくさんの涙が流されている」

（間）

太郎　「それでも、今より、少しでもいい社会を残すために、」

花子「私たちは、」

太郎「俺たちは、

いったい何をしたらいいんだろうか？」

――幕――

シイタケ作り35年の重み

太郎と花子の物語には実在のモデルがいます。同じ田村市でシイタケを栽培してきた宗像幹一郎さんと基子さんです。その基子さんに震災、原発事故の頃のこと、これまでの歩みを大河原伸と大河原多津子が聞きました。

農家は何を作るかが問題

多津子▶基子さんたちの半生。人形劇とは違うところがあるだろうし、人形劇には出てこないところもあると思います。それをわかってもらえたらと思っています。

人形劇の中では太郎がシイタケを栽培しようと決めて、そこへ花子が来て、夢を実現することになっていますが、実際は基子さんが結婚して、生活を始めた頃、すでにシイタケ栽培は始まっていたんですか？

基　子▶始まっていましたね。

多津子▶その頃、宗像家の経営のなかでシイタケはどれくらいの割合でした？

基　子▼その当時はまだ農業を始めたばかりでした。

多津子▼そうか幹一郎さんは2年間のドイツへ農業の勉強に行っていたんだよね。それで戻ってきてから農業が始まったの？

基　子▼そう。戻ってきてから始めた。だからウチに田んぼはあったけど、それもおばあちゃんが人頼みして作っていたからね。幹一郎さんは子どもの頃、田植えの手伝いをしたことはあったと思うけど、自分が中心になって農作業をすることはなかった。

多津子▼幹一郎さんがドイツから戻ってきて、結婚したのはいつですか？

基　子▼私らは昭和51年の12月に結婚しているからね。戻ってくるのは、前の年の9月にきている。

多津子▼じゃ結婚して今年で40年。おめでとうございます。おじいちゃんは学校の先生で、おばあちゃんは自分が中心になってではないけど、人に頼んで農業をやっていたんだね？

基　子▼おばあちゃんもがんばって農業をやっていたよ。すごく働いた手をしていたね。

多津子▼米は作っていた？　野菜は自給分くらい？

基　子▼いやいや、トマトは出荷していた。露地で何反歩（なんたんぶ）も作っていたから、当時はけっこう、大変でした。

多津子▼露地で生食用のトマト？

基子▼当時はそうだったの。だから消毒なんか大変だったの。今はハウスだけどね。

伸▼あの頃は、真っ白になるくらい農薬を撒いていたよね。

多津子▼それでシイタケの収入に占める割合が高くなっていったのはお金になるから？

基子▼じゃなくて消毒で自分が殺されると考えたから。トマトは何度も消毒しなくてなんなくて、それで比較的消毒の頻度が少ないインゲンに行ったの。だけどインゲンも最盛期は寝てる時間がないのね。収穫して箱詰めして、すぐとって箱詰めしての繰り返し。あまりにも忙しくて「殺される」と考えたの。

シイタケは農薬は必要ないから。でも最初は質を問えるものではなかった。それに当時は農協を通しての販売だったでしょ。そうすると自分たちの意向は反映されないでしょ。シイタケは田村の特産ではないでしょ。指定の特産品なら全農にもいろいろ言えるけど。

伸▼幹一郎さん以外にもシイタケを栽培していた人はいたんですか？

基子▼近くの農家でも自家用に作っていた人は何人かいました。ひと昔前には、出荷するためにシイタケ栽培をやった人もいたと聞きましたよ。

多津子▼シイタケ栽培はどんな具合？

基子▼原発事故前、２、３年くらいかな、そろそろ体力的におとろえてくる時期だから、毎年本数を増やしていました。１年ごとに１万２、３０００本ずつ。それが全部で

５万本くらいありました。だから震災の頃は収入の中心がシイタケでした。

販売先は自分たちで開拓

多津子▼人形劇の中で「シイタケ栽培を35年、やっとお客様から直接、注文が来るようになったね」というせりふがあります。

基　子▼農協に出すとなるとパック詰めして規格をちゃんとしなくてはいけない。それが厳しい。それに合わせたものを作るとなると大変なんだよね。シイタケだと巻き込みだとか、カサの裏側が破れていないとか、農協の基準が厳しい。何段階にも等級がある。そうすると下のほうだと値段がすごく下るんです。
だから郡山市の卸売市場に直接、卸すようにしました。市場の担当者と交渉したんです。それなら自分の規格で出せます。

多津子▼ほかの農産物でも大きい、小さいなんでもあるというのが、一番、いいんでしょ。味に違いがあるわけじゃない。それがランク分けされると一番上はすごく高く売れるわけじゃない。となると自然に一番下のクラスはただ同然になってしまう。

基　子▼だからそうなってくると農協は箱代、運賃、手数料などの費用を出すハメになってしまう。だけど直接、市場に出すとせいぜい2、3段階ですむ。スーパーとか料理屋さんに対応するのにはそれで十分なんです。

だから自分とこのシールを作って、できるだけお客様に顔を覚えてもらうようにしていました。

多津子▶シールのロゴはウチの風子が作ったんだね。

基　子▶本当に助かったよ。ラベルをお客様に覚えてもらうと違うから。

多津子▶そうやって売り先を自分で開拓して、収入のうち80〜90％になっていたシイタケ。

基　子▶品物にもっとこだわって、アワビシイタケと言われるようになるのはそのあとの段階。市場で自分たちのものが良いと認識してもらって、買ってもらえるようになった。それからサービスエリアに出すようにもなりました。イベントで直接、売ることもありました。イベントでは実際に焼いたりして実演をやりながらね。そこで肉厚の大きいものも売るようになりました。

乾燥シイタケも中国のじゃない、国産シイタケだとお客様に直接、ＰＲしながら販路を広げてきました。知り合いの人に、ウチのシイタケを贈答用に使ってもらえるようになりました。贈ってもらった人からさらに広がっていく。口コミで広がっていったのが大きかったですね。

多津子▼3・11の時、基子さんは自宅にいましたよね。そして長女の公子さんが出産のために戻ってきていて、私が聞いた話では公子さんのだんなさんが「福島は危ないからすぐに帰ってこい」って言ってきた。

基　子▼「心配で夜も眠れない」と言ってきたんだね。これはだんなさんの気持ちを無視するわけにはいかないと、私は思ったんですね。

多津子▼予定日は？

基　子▼3月27日。

多津子▼その時は那須までは新幹線が来ている。車で那須まで行って、基子さんは公子さんと東京まで行った。

基　子▼あの当時、持てるものを持って、17日に行ったんです。これ以上、遅らせたら移動の途中、お産なんてことになったら、大変なことになると思ったから、動くんなら今しかないと思ったの。

伸▼その頃は新幹線は本数、出てたの?。

基　子▼行き当たりばったりで行ったよ。阿武隈高原道路を走った。すごかったよ。

多津子▼その時、自宅に残っていたのは、幹一郎さんとおばあちゃんと下の娘さん。

それで公子さんはいつ出産？

基　子▼少し遅れて４月７日。

多津子▼それでその間、シイタケをめぐる状況はどうなっていた？

基　子▼その頃、３月だからハウスでやったり、伐採作業をやっていた。地震の瞬間は、ウチのひとは山に行っていた。公子が散歩に行っていたからそれが心配だった。車で飛び出して、どの辺にいるのかわからない。でもすぐ見つかりました。外の方が中よりこわい思いはしていない。90才近いおばあちゃんはちゃんと逃げ道を確保して座っていた。下の娘は仕事。

多津子▼あの頃はすべての農産物に出荷規制がかかっていましたよね。すぐに規制が解かれて出荷できるようになったのはネギ、根菜類の人参とかごぼう。それ以外の影響を受けやすい葉物はすべて廃棄しなさいという命令だった。シイタケとかキノコ類も全部、出荷規制でしたよね。

シイタケなどのキノコ類以外は徐々に出荷規制が解かれて、４月10日頃には、米とか野菜は作ってもいいと、作付けもできるようになったよね。ところがキノコ類は厳しかったよね。

基　子▼そうですね。

多津子▼当時のこと、思い出せるだけお話ししてほしいんです。

基　子▼シイタケはすぐ出荷できないと連絡が入りました。でもその時はまだ自然のものは出てないからね。ハウスものだけ。

ただウチのひとも冷静だから、これからのこともあるのでちゃんと廃棄するシイタケの量を測っておかなければならない、手元に何にもないと話し合いにならない。やっぱり危機感があったんですね。

ウチなんかは山で本当に自然の恵みをいっぱいもらって栽培していたから、自然がだめだとなれば、影響が大きいというのはわかっていた。事故が起こる前、「原発の事故が起こるとここだってとんでもないことになる」とそんな話をふたりでしていました。

多津子▼基子さんたちは原発で事故が起こると、とんでもないことになることを知っていたの？

基　子▼そうだね。実際、数値がどうあれ廃棄という指示が来ちゃったから。

多津子▼当時、私たちもキャベツとかは廃棄しろと言われたよ。

基　子▼シイタケだからですよ。シイタケは放射能を取り込みやすいと連絡があったかはわからないけど。あんとき５００ベクレル／kgまででした。

多津子▼基子さんに前、聞いたことだと３回検査したけど１００台だった。

基　子▼だけど田村市は20㎞圏内に都路地区が入っているじゃない。それもあって田村市のはだめだとなりました。あの当時は市町村単位で決めていたから。

多津子▼竹の子だってそうだよね。栗が取れたんですよ。すぐ連絡したら「栗はＯＫ」だった。こっちのほうの数値は低くても都路の方の数値が高いと出荷できなかった。

どういう気持ちでした？　なんか最初、聞いた時はショックでしたでしょう。

基　子▼自分としてはそんなショックというより、生きていくことの方が頭にあった。女だからだと思うんだけどとにかく生活していかなくてはなんない。だからたぶん、ウチのひとの方がショックだったと思う。私はそれより、今、生きていかなければなんない。その頃の私を写した写真があるの。だけどこの写真を見て！　私、こんな表情、滅多にない。

多津子▼私にも同じような経験があります。グリンピースの人たちが２０１１年４月の上旬に、測定したいからとホウレンソウとか菜っ葉を取りに来たんですよ。畑の真ん中でインタビューを受けたんですが、そんときの写真は、これが自分なのかという顔をしてました。途方にくれてんの。どうしたらいいのかわからないという顔をしている。あれが当時の福島の農民、漁民の顔だね。

基　子▼その写真を見て、かえってショックです。

伸▼これは5月8日だから廃棄が終ったあとだよね。

長い年月をかけて農業をやっている

多津子▼確か東京のクレヨンハウスへセシウム表示の視察に出かけた時、私が基子さんへ「シイタケが無理なら、前にインゲンやトマトをやっていたんだから、元に戻したら」と言ったけど覚えていますか。

基　子▼無理だと思った。

多津子▼幹一郎さんは特にだろうけど35年間、シイタケ栽培に一生懸命だったんでしょ。本当にプライドを持って

宗像夫妻が当時お世話になった人に送った写真

やってきたのを、私はシイタケがだめならほかの農産物にしたらと大変、失礼なことを聞いたと思っている。

基　子▼いやいや　普通はそう考えると思いますよ。でもそれができるかと言えば、それはむずかしいかなと…

多津子▼それだけ35年という重みですね。

基　子▼ほんとにね。どういうシイタケを作るかはウチのひとがやってきました。私もシイタケをどういうふうにお客様に提供しようかと考えてきた。パッケージを考えたり、お客様にこのシイタケの良さをどんなふうに説明したらいいかとそんなことをいつも研究していました。

伸▼当時はおれらも「沖縄に来て農業やったら」「広島にはこんなところがあるよ」とか声を掛けてもらっていました。

　でも30年間、有機農業で土を作ってきた。この30年間を一からもう一度やり直すのはどう考えても無理。絶対無理。同じように幹一郎さんが別のものに切り替えてというのは無理だろうなと思うな。

基　子▼シイタケ栽培である程度、自分の目指すものができるようになったんですよ。それを別のものをというのは、それで満足いくものができるまでは同じように時間がかかるんです。

若ければねまた違ったと思う。でも昇ってきてこれからどうやって降りていくかを考え始めた時でしたから。そんな時にもう一回、この急な坂を上がれと言われてもね。

多津子▼このホダ木を組むのも体力がいるよね。それ以上に山から切り出してくるのが大変だよね。

基　子▼これ「よろいぶせ」というんだけど、組むのも中腰のままやっているから大変だよ。

多津子▼原発事故のあと、なんで福島なのかな。当時、みんな考えたよね。

基　子▼ウチのひとたちがチェルノブイリへ視察に行ったのは、再生の可能性を探りにいったんだけど、無理だってわかっちゃった。

菌床栽培や施設栽培の人は大丈夫だけど、ウチらのように自然の中でやっていく農家は無理なんじゃないかとチェルノブイリへ行ってきて思ったみたい。

多津子▼今、試験的に1000本ずつやってきているでしょ。基子さんたちはまたシイタケ栽培を再開したいと思っていますか？

基　子▼できるんであれば。やっぱりあの味を忘れられない。だから年に一回は食べたくなるから、お客様でももちろん年配者なんだけど、電話がある。

多津子▼人形劇の中で、ふとんの中で夫婦が「なんで自分たちがこんな目にあうのか」という場面を作ったんですが、現実にそんな会話ってありましたか？

基　子▼うーん、日常会話のなかで「これからどうなんだろうね」という話は出ますよ。

教訓が生かされない国

多津子▼当時、第一次産業の人たちはどうしたらいいのか、わかんない状態だった。大空会のメンバーだって野菜を作ったって売れないだろうと感じていた。実際、作っても売れないしね。

自分たちが「作って下さい」と頼んだ原発でもないのに影響だけはもろに受けちゃった。

私たちは一方的に汚染されちゃって

くやしくて、くやしくてジタバタしながらいろんなことをしたんだけど。今、福島県の人間はこの状況を忘れるわけがない。

でも西日本に行けば福島原発の話題が出ることが少なくなっちゃった。新聞の中で見つけるのがむずかしくなっちゃった。いったいなんだったんだろうね。私たちはあんなに苦しんだのに　国は全然、変わっていない。

2年くらい前にドイツの人たちが来た時、「福島原発事故があったから私たちの国は原発を止めようと決めることができたんです」と言われて悲しかったですよ。

当事国なのになんでそうならないの。

今日も朝、父さんと話したんですけど、棚倉へ行く途中に太陽光パネルがいっぱいある所があって、「こういうふうに電気を作ればいくらでもできるのにね」って話していた。蓄電がもうちょっと安くできるようになれば、たくさん、電気を作る時に貯めといて小出しに使うということもできる。

ところがこの国は経済界や政治家が原発が好きなんだね。

あれだけのたくさんの人たちが、基子さんとこもそうだし、人生の設計を破壊されたわけですよね。ところがこの国は変わらない。本当に私はくやしいんだよね。

機会があれば私たちはしつこく言っていこうと思うんですよ。忘れないでほしい。

放射能や被害は小さくの政治家

多津子▼この5年半の間の基子さんたちが経験してきたこと、何か言葉で表現するとしたらどんなふうに説明されるのかな?

基　子▼当時の戸惑いとか怒りとかは今は違ってきている。まがりなりにもなんとか生活できているということと93才のおばあちゃんがいるということ。そして孫が3人になった。震災の当時もそうだったけど、今も変わらないのはなんとか生活をしていかなければなんないということ。その大きな事情というのは現場で日々どうするのか。生活をどういうふうに持っていくのか、そこはウチのひとがだいたいは決めてきたこと。シイタケを栽培することができなくなった当時は、これからどうなるんだろという気持ちもあったし、怒りもあった。

それでも5年間まがりなりにも食べて、暮してこられたし、目の前にはだんだん老いていく人がいる。私の手を必要としている人がいる。私の頭の大部分をおばあちゃんが占めているね。たまに孫の声とか顔を見て、大変な部分を慰めてもらっている。

だから当時の思いを待ち続けられない。でもウチのひとは違うと思うんですよ。こないだ被害者の会の集まりがあったんだけど、前はみんな集まっていたけど、最近はそうでもないと言っていました。

震災後、シイタケ農家で、またシイタケを作っている人もいる。小野新町の人は原木でやっています。もちろん原木は仕入れてきます。ウチも1000本は石川町の業者が1本、1本、高速スプレーで除染したのを持ってくるんです。だから1本、600円なんです。前は150円くらいで買えていました。もちろん差額は東電に請求するんですけどね。

シイタケをハウスの中でやっている人もいるけど、ハウスの中でやっても放射能値が上がるって言っていた。今はどうしているかわからない。でも米は作れるので毎年作っていると聞いています。

私も前みたいにこれからどうなるかという不安は薄らいできた。でも賠償もいつまでもらえるかわからない。だからそういう不安はあるんです。とりあえずなんとか生活をやっていける。

やっぱり、政治家の人は信用できない。政治家の人の常識は、私ら一般人の常識とは違うことがいっぱいある。だから何を考えているかわからない。

私が農家にお嫁に来て思うことは、農家の人はこんなに大変な思いをされているのになんで、ずーっと自民党ばっかりなのと思ってしまう。

多津子▼ひどい目にあわされているけど選んじゃうんだよね。

伸▼シイタケ農家の人たちが、被害を受けたことで政治家の人に接触して国に働きかけることは？

基子▼それはないですね。そこが農民なんですよ。農家の人って政治的にあんまり動かないでしょ。

多津子▼そういうことはタブーみたいな、それは民主主義の国ではないんですよね。

基子▼そう！

伸▼何かとお世話になると選挙でお返ししなければという関係が続いているんだよね。村の政治、だったんだね。

若い頃、選挙に狩り出されて村境で「見張りやれ」って言われて車の中に夜中、ずっといた。それで「車が来たらナンバーを控えろ」と言われたりしていた。まじめなオイラの先輩なんかちゃんとやってるんだよ。必勝なんて鉢巻なんかしてね。当時は必死でやっていた。

農林事務所も農業普及所も、農家の収入が半減したなんて調査をやってないよね

多津子▼国や県の方向は被害はできるだけ小さく小さく、放射能の影響だってちっちゃくちっちゃくそういう方向性だね

伸▼市会議員なんて何やってたんだと思う。

多津子▼一般市民が本当に政治家を信用していないということだよ。

いろんな災害があって、みんな苦しいけど原発事故はそのなかでも違うと思うの。自然災害は人が歴史を作ってきたなかで必ずあったんですよ。地震があったり津波が来たり。それらは当たり前のこと。人間だけでなくすべての生き物がその自然の中で生きてきた。

でも原発は人間が作ったものだから。

伸

▼原発がある以上、また同じことが起こる。

今日だってラジオを聞いていると、まだ9万人以上の方が自分の所は帰れないと言っていた。5年たっても元へ戻れない。

言っていかないとみんな忘れちゃうんだよね。オイラたちもだんだん、気持ちが薄れてきちゃう。広島へオバマ大統領が来て、献花したり、演説したりしたのは、被爆者の人たちが70年以上言ってきたから。言っていく人がいなくなるとやっぱり消えていくんだろうな。その役目はもう知っちゃった自分たちがやるしかないんだろうな。

第2章
暴力的に日常を奪った
原発事故

東日本大震災の当日

（多津子　やさい通信№１２６４　２０１１年３月17日より）

マグニチュード９・０の巨大地震にみなさんは、どこでどんな状態であったのでしょうか。私は車の運転中でした。バッグの中のケータイが今まで聞いたことのない音を立て、「あれっ、何だろう？」と取り出すと、ほぼ同時に車が揺れ始めました。道路わきの電信柱の電線が激しく揺れ、「これは大変な地震だ」と、ハザードランプを付けて車を停車させました。船引の町中から自宅までの片道一車線のやや古い道路の上でした。止めた車の左側は舗装が壊れかけていて、その下は田んぼ。道路右半分にはピリピリと亀裂が走るではありませんか。車がグラグラ激しく揺れ、このまま乗っていて左側の田んぼにズルズルと落ちるのではないかと、非常に不安になり、車から離れ、道路右側にある畑に避難しておさまるのを待ちました。

大きな揺れが止んで、慎重に運転して家に向かいましたが、３～４㎞の区間で、道路が壊れているところが３か所あり、大変ショックを受けました。家に近づくと、ガソリンスタンドの屋根が壊れ、道路にその破片が散乱していました。あわただしく片付けている息子さんに「大丈夫ですか？」と声をかけて、ようやく我が家の庭に入ってみたら、なんとガラスがめちゃくちゃにわれていました。そばに青い顔をしたばあちゃんと楽（我が家の次男）が立っていました。夫は少し離れた所で、友人から借りたバックホーンを動かしていましたが、地震に気付かず、池の水面が波立っているのを見てようやく事態がわかり、家に戻ったところでした。

この日は、まさに楽の中学校卒業式の日。午前中に式を終え、楽と友人たちは「かぼちゃ小屋」に集まって久しぶりに歓談をしていました。大きな余震が止むことなく続き、とにかく子どもたちは自宅に帰った方がいいだろうと思い、「十分に気を付けて帰るように！」と言いました。家が近い子、自転車で帰る子、そのなかに「走って帰る」という子がいたので、車で送っていくことにしました。約２㎞離れている家に行く途中、墓石が何個も道路に落ちていて、ふたりでびっくりしていました。

今まで、テレビなどで地震の被害を見ることはあっても、自分自身が被災しているという経験はなかったと思います。家の中は崩れた土壁、壊れた貯金箱、棚から落ちた様々なものが散乱していました。

でも何よりも問題だったのは、風子（長女）こころ（次女）もそれぞれ外出していて、連絡がなかなか取れないということでした。電話もだめ、メールもだめ。郡山市内から帰ってきた近所の人からの情報で「郡山はかなり被害が出ている」と聞けば、ますます不安は増していきました。幸いなことに、こころ、次いで風子も無事に帰ってきて、本当にうれしかったです。

11日の夜は炭火のこたつの周りに布団を持ち寄り、雑魚寝をしましたが、たびたびの大きな余震で私はあまり眠ることができませんでした。でも停電も断水もなかったので、12日の朝は暖かい食事をみんなでとることができたし、遠くにいる海（長男）、ひかり（三女）とも無事を確認し合うことができました。

福島原発のトラブルも大変気になります。再び元に戻ることはあり得ないのだと思うと、なんと言ったらいいのか、言葉もありません…。

原発事故の予感（『2月のある夜の夢』）

1986年、今のウクライナ、当時のソビエト連邦にあったチェルノブイリ原発で、世界が経験したことのない事故が起きました。放射能は、北半球を何周も回って各国を汚染しました。8000km離れた日本にも影響し、母親の母乳から放射能が検出されたというニュースは、子どもが生まれて2か月の私には大変ショッキングなものでした。

私たちは、たとえ農薬や化学肥料を使わないで農産物を育てていても、一度原発事故が起きれば生活のすべてを失うことを知り、反原発運動に入りました。署名活動、講演会の企画・運営、デモへの参加と、幼い子どもを抱えながらでしたが、やれることはいろいろとやってきたつもりです。

でも、福島での原発事故の予感があったことを示している1997年3月6日の通信があります。そんな通信を自分で書いていたことを2015年になってから知り、背中に戦慄が走りました。

『2月のある夜の夢』

（多津子　やさい通信　1997年3月6日より）

2月のある朝、いえまだ夜に近い時刻、我が家の農産物を購入してくれる消費者グループの「麦の会」のある方（誰かはわからない）から電話が入りました。

「夫（どうやら医者らしい）のところに急患で科学技術庁関係の人が運ばれたようなのです。ひどい放射線障害を受けていて、福島原発から来たようなのです。おそらく事故です」

電話の向こうの女性の声は、あきらかに動揺しています。受話器を置いた私の頭の中は真っ白になってしまいました。

「何をどうしたらいいんだろう？」

起きてきた夫と顔を見合わせても言葉が出ず、ふたりとも立ちつくしています。

と、そこに、不気味なトラックの音。薄暗がりのなかを何台ものトラックがいわき市方面に（私の家の窓から国道が見えることになっている）走って行くのです。まるで戦国時代の野武士、第二次世界大戦の銃後の人々のように、みな竹槍を持っているのです。そんなものでいったい何と戦おうというのでしょうか？

まるでモノクロ映画のワンシーンのように、ズドドドド！　と地鳴りをたてながら、何台ものトラックが東に向かって行くのを、私たちは声もなく見ているのです。

数秒なのか数十秒なのか、少しの時間がたって我に返った私たちは、とにかくいわき市の友人に連絡を取ってみようということになりました。電話のところに駆け寄ったとたん、そばにあったラジオがスイッチも入れてないのに突然、「福島原発で事故です！」と叫び始めました。

と、そこで、目が覚めました。

「ああ、夢だった」とわかっても、気持ちは静まりませんでした。夢が夢でなく、現実のものとなったら私はどう対応できるのか。Ｒ－ＤＡＮ（空気中の放射線・ガンマー線を測定する機器）のアラームが鳴りっぱなしになっているのに、情報がまったく入らないとしたら…。反対に、様々な情報が乱れ飛んで、家の中にじっとしているべきなのか、すぐ家を離れて逃げるべきなのか、判断すらつかない事故が起きたとしたら？　9人分の食料、飲み水は？　甲状腺ガンを防ぐ安定ヨウ素剤は手に入るのか？　と思いをめぐらせてしばし茫然としてしまいました。

夢はどこから来るのでしょうか？

私の深層心理から立ち上がってくるのでしょうか？

それとも、未来の何者かが、扉をほんの少し開けて私に見せてくれたのでしょうか？

今でも生々しく残っているこわい夢でした。

原発事故が現実に（2011年3月15日について）

チェルノブイリ原発事故の4年後に「R－DAN」を手に入れていました。当時、原発に反対する人々で全国的なネットワークを作り、原発周辺の空間線量に異常が出た時の情報拡散と避難の模擬訓練もしていたのです。「R－DAN」の上には「この検知器の不用になる日を目指して！」と記されてあります。

けれど、事故は起きました。

まず、２０１１年３月15日に起きたことを書かなければなりません。

３月11日の午後２時46分、マグニチュード９・０というとてつもない大地震が東日本を揺さぶり、福島第１原発が破壊されました。第１原発には、６基の原発があり、第１基、第３基が次々と吹き飛びました。地方テレビがとらえていた爆発の瞬間の映像が流れた時から、私の心臓の動悸が止まらず、身体から力が抜け落ちていきました。

どうしたらいいんだろう？

原発事故の際の避難には、風の方向が大きく左右することを学習していました。原発の風下を逃れて、直角の方に逃げなければなりません。準備はしたものの、牛や鶏のことも考えてすぐさま避難とはなりませんでした。私はとにかく「Ｒ－ＤＡＮ」の数値を見続けたのです。

でも、意に反して11日も12、13、14日も数値は平常でした。その数値を信頼してもいいのか？　という疑問がありましたが、家族と相談した結果、「とにかく落ち着こう」という意見でした。家の周囲ではいち早く避難する家族もあり、その対応をめぐって「逃げた」という言葉が使われるなど、ガサガサと気持ちの摩擦が生まれたのは事実です。

そして、第２基が爆発した15日の午後２時過ぎでした。

「Ｒ－ＤＡＮ」のアラームが突然けたたましく鳴りだし、ランプが絶え間なく点滅し、数値は一気に平常の約30倍まで駆け上りました。

「ああああ！　放射能が来た！」

私たち6人は、準備しておいた食料、寝具とともに車に乗り込み、連絡してあった郡山市西部の友人宅に避難しました。風下とか直角とかの言葉は吹っ飛び、原発から少しでも遠くに逃れようとしました。車の中の、気圧が百倍にもなったかのような息苦しさを忘れられません。

置いてきた牛や鶏、連絡できない友人、知人、あの家に私たちは帰れるんだろうか？　ころはマスクを二重につけて「私たちの誰もかれもが、血を吐いて間もなく死ぬのだ」と涙をこぼし、風子は足の悪い母親を抱えてすぐに避難できない友人を思って泣いていました。

その段階で、福島県内で強制避難・自主避難を合わせ、自宅を離れていた人々は20万人を超えていたと思います。

結果、私たちは二度の自主避難のあと、田村市船引町の我が家に残り、以来離れたことはありません。家畜や家屋敷を置いて他所に行くことは考えられないと言う夫とばあちゃん。できるなら子どもを連れて新潟県佐渡市へ避難したいと計画した私との間に、感情的な波が立ったことは、今となれば忘れていいことなのだけれど、やはり書いておきます。決定権を持ったのは3人の子どもたちでした。

「ばあちゃんや友だちが残っているのに、自分だけが避難できない。ここにいたい」

そう言われたら、私にはもう何も言うことができませんでした。

家に残る選択はしたけれど、作付制限、農産物の出荷制限がかかり、農業の先行きは皆目見えない暗闇の中。

「ここで、今までと同じ生活を続けるのは不可能なんだろうか？」

「福島原発事故の放射線健康リスクについて」の講演

（伸　やさい通信No.1365　2011年3月24日より）

つい4～5日前まで原発事故はこれからどうなるのか、放射線はどれほど降り注ぐのか、遠くへ避難を考えた方がいいのかなどなど、いろいろなことを考えながらテレビの報道を見ていました。見えない放射線、そしてよくわからない原発の構造、そういった理解できない世界を感情で判断して、オロオロとこわがっていたような気がします。

さて、そんな不安な気持ちを吹き飛ばしてくれる、うれしい情報がありますのでお知らせします。3月22日、川俣町立川俣小学校体育館で、長崎大学大学院教授・高村昇先生の「福島原発事故の放射線健康リスクについて」の講演があり、ガソリンを気にかけながら参加してきました。

高村先生は、放射線疫学のお医者さん。長崎の被爆者の治療や調査、また、チェルノブイリ事故の被災者の治療や調査を長く続けている方です（現在、福島県放射線健康リスク管理アドバイザーとして活躍中です）。

現在、私たちは「放射線」と聞いただけでこわがっていますが、実は私たちの身の回りにもたくさんあります。例えば、レントゲン、ＣＴスキャン、ガンの放射線治療、などなど。そして宇宙から、大地から、私たち自身からも極微量の放射線が出ているそうです（日本人は平均1年間に2・4ミリシーベルト〔２４００マイクロシーベルト〕放射線を受けているようです）。

時に役に立ったり、害になったりする放射線、いったいどう理解したらいいのでしょう…？　それはどれだけ浴びたかによって決まるそうです。長崎の原爆や東海村ＪＯＣの事故で、放射線で亡くなった人たちが浴びた線量は8シーベルト、12シーベルトという単位だったそうです。〔1シーベルトの千分の1が1ミリシーベルト、1ミリシーベルトの千分の1が1マイクロシーベルト。ＣＴスキャン1回で5～10ミリシーベルト（5千～1万マイクロシーベルト）〕

Q. それではどれだけ浴びれば影響があるのでしょうか？

A. 1ミリシーベルト浴びると遺伝子（ＤＮＡ）1個傷がつくそうです。10ミリシーベルトで10個、１００ミリシーベルトで１００個です。しかし、人間の身体は傷ついたままではなく、すぐに修復を始めるといいます。仮に、10マイクロシーベルトの放射線を1日中（24時間）浴びて、1週間で0・17ミリシーベルトだそうです（だいたい24時間外にいる人はいないし、室内だと大気の10分の1ぐらいの線量になるようなので、これまで私たちの浴びた放射線はほんのわずかということになります）。100マイクロシーベルト以上なら要注意だけど、それ以下なら全く問題なし、との見解でした。

Q. 放射線はどんどん溜まりつづけるのではないですか？

A. 今回問題になっているのは、「ヨウ素131」と「セシウム137」という放射線ですが、「ヨウ素131」は8日で半分の放射線量になります（半減期。16日で4分の1、24日で16分の1という訳です）。この「ヨウ素131」は大量に取り込むと、子どもの甲状腺ガンの可能性があるものの、大人には影響はないそうです。「セシウム137」は30年の半減期と長いものの、尿などから排出したりするし、たとえ筋肉に入り込んだとしても、これも影響がないそうです（チェルノブイリの調査で立証されているとのことでした）。注いだ放射線でも、何度も何度も雨で洗い流され、半年後には復興し始めたそうです（もちろん現在は放射線ゼロです）。

Q. 今回の講演で納得したこと

A. 放射線の影響があるのは20才以下の子どもたち、そして妊婦。40才以上の人たちにはほとんどないそうです。もし避難が必要なら女性、妊婦、子どもたちを優先し、男は残ってライフラインの回復に力を注ぐべきだそうです（確かに、大人は甲状腺ガンになりにくく、セシウムが入っても影響がないのなら、何も恐れることはない訳ですよね）。もう一人の山下教授の話によると、楽天的な人ほど放射線による影響が少ないと、データに出ない体験があるそうです。

講演会が始まる前の硬い表情が、終了後、穏やかな表情に変わり、約５００人もの参加者がそれぞれの感想を語りながら、会場をあとにしていきました。

母ちゃんの感想

チェルノブイリ原発事故以来、少しは放射能について学習してきたつもりなのに、福島原発のトラブルが起きてから、私は全く落ち着くことができず、異常な恐怖感がつきまとって離れませんでした。テレビなどで偉い学者や大学の先生が「今日の放射能は人体に影響が出る値ではない」と繰り返し言っても、「きっとうそだ」と思いました。それほど、広島、長崎、チェルノブイリは私たちに放射能への拒否感を強烈に植えつけたのです。「とにかく子どもたちを守らねば」と、船引から離れることばかり考えました。実際「麦の会」のＳ先生の離れに2泊させていただきました。本当にありがとうございました。

夫は、私とは少し違いました。私が見るとのんきなくらい、放射能に無防備に見えました。でも、その対応は正しかったのだと、高村先生の話を聞いて思いました。今回の福島原発のトラブルで放出された放射能の量は、3月22日現在、私たち大人にはほとんど問題にならないレベルだということがわかったのです。この先も何事もなく終息してほしいと切望しています。

でも子どもたちには許されない量なのだろうし、福島県の土や水や海や農畜産物が汚染されたことは間違いないのです。私たち農民はこれから農地とどう向き合えばいいのか、海で暮らしを立てていた人々は、何をしたらいいのか――。考えると、気持ちがどんどん沈んでいきます。

大切なことは、事実をきちんととらえること。事実を、多くの人々に知らせること。そうしたうえで、私たちができる最善の道を選び、真っすぐに進むことです。

5年前の原発事故の最中、強風にクルクル振り回される木の葉のように揺れ動く自分たちの姿がよく見えます。やさい通信№1365（2011年3月24日）は、川俣町へ「福島県放射線健康アドバイザー」である高村氏の講演を聞きに行った時のことを書いています。

私たちが反原発運動をしてきたのは間違いない事実です。また、福島原発事故による放射能のリスクを過小評価する訳でもありません。ですからこの通信を読んで奇異に感じる方は多いと思います。「大河原は東京電力の肩を持つのか」と。

でも、どうかイメージして下さい。突然予期せぬ事態に放り込まれ、溺れそうになった人間にとって、投げ入れられた救出用のロープが反原発だろうが御用学者だろうが、私たちはすがりつくしかなかったのです。3月24日といえば、まだ船引町に住めるのか、農業が続けられるのか、皆目見当がつかない状況で、畑や庭の何もかもが放射能を発しているのだと、こわくてこわくて落ち着かず、私は極力外に出ませんでした。見かねた夫が「とにかく話を聞いてみよう」とすすめたのが、その講演会でした。小学校の体育館いっぱいにあふれた聴衆のみんなが、何かにすがりつきたかったのです。その日、会場に軽い安堵感が広がったことを私は否定しません。

しかし、放射能のチリが降り注ぐなかで、幼い子どもたちが生活してきたのですから、その被害が子どもたちの甲状腺ガンなどに及んでいることも事実で、今後さらに影響が出るだろうと予想されていることに対しても、私は否定できません。

この矛盾、この混沌こそが、当時の私です。

私の中に親としての立場と、農業者としての立場が混在していて、事故後半年ほどは、身体も心も引き裂かれそうな状態でした。

もう原発はいらない！

（多津子　やさい通信No.1366　2011年3月31日より）

福島第1原発から直線で39㎞の我が家。一向に進展しない原発の様子にイライラが増しています。地震で大きく家が壊れたところもなく、もちろん津波の影響も直接なく、田んぼも畑も、一見なんの変化もありません。ガソリンや牛乳など物資が滞っていて、不便さは感じますが、それも日がたつにつれて良くなってきています。

春の暖かい陽差しが降り注ぐのを感じると、一瞬、「何も変わってないんじゃないか」と錯覚してしまいそうです。あの大惨事を、頭のどこかで「本当のこと」にしたくないと思っているのかもしれません。でも原発のトラブルは残念ながら今のところ良い方向には向かっていません。いつ「不測の事態」になるかわかりません。

すぐ避難できるような準備を、毎日「変化なし」を、確認しながら生活しています。と、こう書きながら自分の中にまったく力が湧いてこないことを、認めざるを得ないのです。夫や義母のように、畑に出ることを私はためらってしまいます。色も、においも、音もしない放射能が畑にどの程度影響しているのかわからないのに、土を動かしていいのかと考えてしまいます。

3月26日の夜、久々に「大空会」（旧田村郡内で農業をしている女性の会）のメンバーが三春町の直売所に集まりました。それぞれ手作り品を持ち寄り、ストーブひとつのビニールハウスの中で話し合いました。いちごやキノコを栽培しているメンバーたちは、原発トラブルのあとも変わらず収穫、出荷しているそうですが、値崩れはひどいと言っていました。

また、3月に直売所に出すために作っておいたレタス、くきたち菜などの野菜をたくさん持ってきてくれたメンバーもいます。20才前の若者には問題になる「基準値」でも、すべて40代を過ぎたメンバーには支障ないと、各々もらって食べることにしました。

みんなもっと悲観的なのかなと思いきや、冗談は出るわ、原発への憤りの声は出るわで、なんだか頼もしかったです。一様に、今年の作付への不安は抱えていましたが、「売れなくても自家用に野菜は作る」と言っていました。でもその翌日には「福島県全域に稲作も野菜も土壌検査の結果が出るまで作付を延期するように」と新聞に出てしまい、気持ちがどーんと沈んでしまいました。

日本各地で、そして世界で、大災害に襲われた東北、関東を助けようという動きが広がっています。本当にうれしく、ラジオなどで遠い地からの応援メッセージを聞くと、涙が出ます。現地ではガレキの山から必死に立ち上がろうとしている人たちがいます。私もしっかりしなくちゃと思うのですが、「原発」が完全に終息ということにならない限り、落ち着けないと思います。

ただひとつ、はっきりと心に決めていることは原発に反対する運動を今度こそしっかりやってかなくちゃということです。農業と、人形劇と塾の教室と同じように反原発運動をしようと、「もう原発はいらない！」と言い続けようと、それだけは強く思っています。

（伸　やさい通信　№1367　2011年4月7日より）

心が痛くなる光景

4月5日付朝日新聞の社会面の写真を見て、私は心が痛くなりました。それは3頭の黒毛和牛が道端にいて、先頭の牛が、今まさに横切ろうとしている写真なのです。車が走る道路のそばで放し飼いすることなど、アメリカでもあるまいし、絶対にありません。それは異常事態なのです。その写真が撮られたところは東京電力福島第1原発から北西へ10㎞の浪江町とありました。半径20㎞の「避難指示」で、その地を離れなければならなかった牛飼いの苦渋の選択だったのだと思います。牛小屋に入れたままではいずれ餌が尽き死んでしまいますが、外に放してやれば、その辺りの草を食み、川の水を飲むことができます。もしかしたら、牛が生き残っている間に、この地に戻れるかもしれない…。そう思ったのだと思います。

私のところは39㎞で、「自主避難要請圏」の外なので、今まで通り（と言っても餌が思うように入ってきませんが）、牛も鶏も飼っていますが、もし私がその立場だったら、きっと大いに悩み、同じような行動をしていたかもしれません…。その牛たちの飼い主は今どこに避難しているのか、おそらく毎日、牛のことが頭から離れないはずです。

このところのマスコミの報道でもっと心が痛いのは、飯舘村の取り上げ方です。確かに連日報道される放射線の値は高いし、飲み水や土壌への放射性降下物が他の地域よりも多かったのは事実なのだと思います。しかし、マスコミの取り上げ方は「放射能で汚染された山あいの小さな村――それでもそこで暮らす村の人々」と言いたげに、これでもかこれでもかと高数値が発表される度に大きく取り上げました。しかし、それらの数値が下がっても、そのことを報道しないので、いつまでも高いところと思われていました。

飯舘村の村長、管野典雄さんとは25年ほど前からの知り合いで、その当時から村の将来を想い、産業ばかりでなく、文化や教育にも力を注いできました（村長の前は公民館の館長でした）。誰よりも村を愛し、村人を愛し、市町村合併を断り、独立独歩で農業中心の村づくりをしてきました。

私たちの劇団「赤いトマト」も、何度も村の行事や幼稚園に招かれ、公演をしてきました。大震災の5日前にも招かれ、管野村長に会ったばかりでした。その管野氏がテレビのインタビューに答える姿を見る度に、その無念さを感じ、胸が苦しくなります。よりによってなんで飯舘村がこんな目にあわなければならないのか、まったく不条理です。しかし管野村長はこのままでは終わらない、きっと村の再生に尽力されると思います。

原発から半径30km圏内にたくさんの知り合いがいます。一人ひとりを思い起こしてみると、それぞれの町や村でボランティア的な活動をしていた人ばかりなのです。いったい今どこの避難所にいるのか、どんな毎日を過ごしているのか、気になるところです。みなさん、きっとすぐに戻っていろいろな活動をしたいはずなのに、全く残念です。一日も早く、原発トラブルが終息して、平穏な日がやってくるのを、ただ祈るばかりです…。

（多津子　やさい通信　2011年4月14日より）

農業ができるだろうか？

地震による被害はさほどなかったけれど、自分たちの足元は放射能によって次第に崩れていき、私たちはいずれ蟻地獄に飲み込まれていくのかもしれない…そんな恐怖がありました。

いわき市や福島市で桜が咲いたというニュースが流れています。今年の桜は見ただけで涙がこぼれます。亡くなった家族を想う人、家や家畜や田畑と離れて暮らす方々にとって、「いつものように桜は咲くのに、どうして？」と、繰り返し繰り返し問うに違いないのです。

つらい春です。

でも、どんな状況でも、人は生きていかなければなりません。

我が家の現在の様子を書きます。

田植え用の種もみは、塩水による選別を終え、ハウスの中で水に浸してあります。野菜の苗は例年なら4月に入ると準備を始めるのですが、今年は3月末になっても作付け許可が出るのか不明でしたから、全く手付かずの状態でした。

ところが、3月30日の夜、「大空会」のメンバーのK子さんから「野菜の苗をたくさん準備していたのだけれど、腰の手術のため私は育てられない。全部多津子さんに譲りたい」という電話をいただいたのです。翌日ハイエースに入りきれないほどの元気の良い苗をもらってきて、本当にうれしく思いました。この苗たちをちゃんと畑に植え、その実りを収穫し、K子さんの気持ちに応えたいと願っているのです。

ですが、昨日の朝、県の営農相談窓口に電話して確認した内容に愕然としてしまいました。「田村市船引町も、避難準備地域に入る可能性があります。数日中に国の方針が出ますので、発表を待ってください（田村市の一部の都路町が原発から30㎞圏内だったことが根拠でした）」

市をあげて避難になるかもしれない…。

連日放送されている空間線量の数値は、船引町が県の中通りではかなり低いことを示しているのに。農業なんてできないじゃないか！

やりきれなさでいっぱいです。

原発のトラブルが続いていることは確かです。空間線量が低いとは言え、私自身、この土地で育てた作物を子どもたちに食べさせて影響がないのか、不安ではあるのです。でも、できるならここでトマトや枝豆を育てたい。ベクレルを測定し、数値を公表してお客様に提供できるよう方法も考えているのに。

4月7日に、環境問題について国際的に活動をしているグリンピースのメンバーが、私たちの畑の作物を検査しに来ました。4人のうちの3人は、年に2～3度チェルノブイリ原発周辺で調査を続けている方々。「国際的なレベルからして、大河原さんの畑は耕作しても問題ないでしょう」と言ってたのに…。

毎日毎日、原発にいたぶられ、くやしくてなりません。


（伸　やさい通信　2011年4月21日より）

35600ベクレル!!

先週末、耕作の許可がついに出ました。ただ、米や野菜の収穫後のベクレル数と風評被害がどうなるのか気になります。それでも10日遅れで田畑の仕事ができるのはうれしい限りです。

現在、福島県内のほとんどの露地野菜は、出荷停止措置がとられています。食品衛生法の暫定基準値（1キロ当たりヨウ素131が２０００ベクレル、セシウムが５００ベクレル）を上回っているからです。

「麦の会」の方々で、「多少数値を超えていてもかまわない、伸さんの野菜食べたいから持ってきて」とか「船引町は線量が低いんだから、郡山や福島より安全でしょう。」と暖かい言葉を掛けてくれるお客様も多く、「ほしいと言ってくれる方々にだけでも、お届けしようか」とも考えたのです。

でも、グリンピースからの検査結果を聞いて、その考えは一変しました。

・ホウレンソウ………２３２１５ベクレル
・小松菜…………３５６００ベクレル　（いずれも1kg当たりの放射性核種の値）

実に基準値の46倍から71倍の数値だったのです。放射性ヨウ素による影響が強いと思われ、ヨウ素は半減期が８日と短い核種ですから、現在はもっと低くなっているはずですが、私たちが受けたショックは大変なものです。しばらく影響の少ないネギ類、根菜類のみの配達になると思います。ご迷惑をおかけしますがご理解ください。

キャベツ、小松菜、ホウレンソウなどいわゆるアブラナ科の野菜をすべて引き抜き、畑の隅に山積みし、ブルーシートで覆いました。そうすることが国からの指示だったのです。いつものように夏野菜の苗を育て畑に定植しても、心が晴れることはありませんでした。


(多津子　やさい通信　2011年5月12日より)

子どもたちに残した負債

宮崎駿監督の作品はどれも好きですが、最も泣けた作品は『もののけ姫』でした。大人たちは私利私欲のために山を開き鉄を取り、自然を破壊していきます。あげく自然神であるダイダラボッチの首を取るひどさ。主人公のサンとアシタカは、その首を取り返しダイダラボッチに返します。

このラストシーンを見た時、どうしようもないほど涙がこぼれました。

自然を破壊するのは大人、その罪を償うのは子ども。私たちが未来に大きな負債を残すのはまぎれもない事実です。温暖化や様々な公害、食品汚染、背負いきれないほどの国の借金、放射能汚染と核廃棄物…。

私たち大人は、個々人の意思ではないとしても、あるいは無知なままだったとしても、そういう現象を招いた社会のまぎれもない一員なのです。

「私は知らない」とか「私に責任はない」とは言えません。

私たちがあなたたちに、清潔な空気や大地や海を引き継ぐことはむずかしい。私たちがもっと原発について学び、徹底した反対運動をしていたならば、もっと違った状況になっていたかもしれない。

本当にごめんなさい！

謝っても謝りきれないけれど――。

原発事故のために死んでいった牛や馬、豚や鶏、大切なペット、もう帰ることができない家、庭にはいつもと同じようにパンジーやサクラソウが咲いているかもしれないね。

あなたたちの未来に放射能の影を付けてしまったのは、私たち大人です。せめてこれからは、自然を少しでも浄化するために最大限の努力をします。

この国は今とても大きな岐路に立っています。恐ろしいそして汚い核エネルギーを手放さないで進むのか、それとも太陽や風や地熱や波といった、地球や子どもたちにあまり負荷をかけないエネルギーで慎ましく生きるのか、選択すべき時に来ているのです。

数値と心

（多津子　やさい通信　２０１１年６月23日より）

田村市が我が家の田畑を調べた結果、畑が３７９ベクレル、田んぼが58ベクレルでした。（２０１１年５月15日調べ）その後、空中から降下した放射性物質はさほど大きくないと考えて試算してみると、予想される野菜のベクレル数は次のようになると思われます。（生の状態１kg当たり）

・ジャガイモ……………４・１６９ベクレル
・トマト…………………０・２６５３ベクレル
・人参……………………１・４０２３ベクレル
・カボチャ………………１・４４０２ベクレル

これらの数値を高いと考えるのか、低いと思うのか、判断に困ります。国の基準値は現在５００ベクレル。この数値の根拠もわかりません。

また、７月１日に、友人から借りて計った我が家の周辺の空間線量を記録しておきます。

（線量計は「ＢＥＳＥＮ　ＢＳ２０１０」、単位はマイクロシーベルト、地上10㎝で測定）

・母屋の家の中………0・08
・母屋の玄関前………0・10
・母屋の裏の木小屋…0・19
・かぼちゃ小屋の前…0・13
・かぼちゃ小屋の裏…0・12
・前の畑……………0・06~0・08
・三枚続き…………0・10~0・12
・竹やぶ畑…………0・07~0・10
・池の側……………0・12
・留七畑……………0・10
・開墾上……………0・14
・開墾中……………0・12
・開墾下……………0・14
(ちなみに同日の田村市市役所前が0・18)

こうして数値を羅列して低いことをことさら強調しても、わかることは、もう私たちは自分の農産物に自信を添えて提供できなくなったという事実。０・１とか、０・０１とか、０・００１とか、数値によって切り刻まれる心。約30年培ってきた農民としてのささやかなプライドと喜びは、いとも簡単に踏みつぶされ、廃棄されたキャベツのように形をなくしていくのです。

くやしいです。

やさい通信の終了

結局、２０１１年7月に「麦の会」を解散することにしました。一番の理由は、トマトから12ベクレルのセシウムが検出されたことでした。

県内でいち早く開所した福島市の市民放射能測定所に、ジャガイモ、タマネギ、トマトを刻んで持参したのは、7月2日のことでした。結果はジャガイモ、タマネギが不検出、移行係数が低いとされるトマトからこのような結果が出てしまいました。測定所のスタッフの方は、「問題になるような数字ではありません。」と言ってくれたのですが、落胆は大きかったのです。

いろいろ考えた末、「麦の会」のみなさんに「緊急のお知らせ」を出すことにしました。

25年間我が家の経済を支え、親戚のようなお付き合いをさせていただいていた方々との決別になる可能性もあったのですが、やはり正直に伝えようと思いました。野菜から放射性核種を取り除くことはできないし、低いレベルだから安全と言い切ることもできません。品質の良い野菜をと、こだわって食べていたみなさんに、不安要素を持った農産物をお届けするのはこちらの良心が痛みます。迷いに迷ったあげくの選択でした。

その後1か月ほどの間にお客様の3分の2を失いました。「大河原さん、ごめんなさい。どうしても、セシウム入りの野菜は食べられない」と言われたら、涙をのむしかありません。子を持つ親としてその気持ちは痛いほどわかるからです。

いさぎよく解散をしたものの、その時から、放射能で汚れた沼で必死に手足をかき回し、なんとか浮かび上がろうともがく日々が始まったのです。

60才になっても70を過ぎても、可能な限り出し続けたいと願っていた「やさい通信」なのに、1383号で終了。無念でした。

それでもふるさとに生きる決意（ばあちゃんから孫への手紙から）

優君（我が家の孫）、ばあちゃんが、事故直後最も苦しく感じたことが何か、想像できますか？

それはね、私自身、原発に反対し事故の不安を口にしながら、心のどこかで「きっと大事故は起きない」と信じていたことなのです。

チェルノブイリは、科学的に未熟な国が起こした事故、私たちの国があれほどひどい事故を起こすはずがないと、バカなことを考えていたのです。本当に愚かですね。日本でも小さな事故は過去に何度となく起きてきたし、福島原発の内部で部品がガラガラと壊れ、大事故の一歩手前までいったこともありました。

でも、「ギリギリの線で私たちは守られるんじゃないのか」。そんな根拠のないものに私たちはすがりついていました。国や電力会社が言う宣伝文句に毒されていたのはこの私じゃないか。情けない！　なぜもっと、もっと、もっと反対運動をしなかったんだ？

たとえこんな田舎のおばさんがしゃかりきになって「原発反対！」を叫び続けていたとしても、状況はなんら変わることはなく、地震も津波も事故も止めることはできなかった…。

でも私は、子どもが5人いることや、どんどん農業が忙しくなっていったことや、原発反対の学習会が専門的になってついて行けなくなったことや、何やかやと言い訳をたくさん並べて、反対運動から遠ざかったじゃないか。

体力の限り、時間の限りを尽くして運動を続けてきた人たちがいっぱいいたのに、お前は逃げたじゃないか。

その事実が、ばあちゃんを打ちのめしたのです。国に対しても電力会社に対しても、くやしい思いはありました。でも、一番苦しさを感じたのは、自分の甘い認識、弱い意志を認めざるを得ないことでした。ばあちゃんは自分を恥ずかしく思いました。だから、なおさら、命がある限り今度はもうやめない、どこまでできるかわからないけれど、目的に向かって歩いて行く、そう決心したのです。

故郷の山、故郷の川、原発事故で汚されていわれのない差別を受けても、ひっそりとそこにいる。畑の土も田んぼの水も、野に咲く花も、放射能に汚染されてもいじらしくそっとたたずんでいる。

「捨てられない、いとおしい私の故郷」

そう思いました。

福島を事故前の姿に戻すのではなく、放射能に汚されていても素敵な生き方が示せるように最大限の努力をする。肩に力を入れることなく、歌いながら、笑いながら、私たちはここで生きる。そう決心したのです。

第3章
世界で一番美しい「福島」のために

母ちゃん日記

希望こそ前に進むエネルギー

（2013年 3月）

私たち夫婦は、約30年に渡って有機農業をしてきました。牛を飼い、鶏を育て、米や野菜を栽培しながら、5人の子どもとじいちゃん、ばあちゃんも一緒、多い時には9人家族でしたから、慎ましくもにぎやかな生活でした。子どもたちも成長し、このまま60代、70代と心静かに人生をフェードアウトできるものと思っておりました。

２０１１年3月11日。

福島原発事故は、多くの人々からかけがえのないものを暴力的に奪っていきました。見渡せば、周囲の農家のみなさんも不安の中にいました。私が10年以上参加してきた直売所「大空会」の仲間も、「どうせ作っても売れない」と全く元気がありませんでした。「待っていてもお客様は来ない。だったら探そう！」と、新しい販売組織を立ち上げたのが、２０１２年春でした。私たちの農産物と、「大空会」のみなさんの物、加工所でパンやお惣菜を作っている方の物などを車に積んで、東京の世田谷「あおぞらマルシェ」に行ったのが始まりでした。

細々とした動きではありましたが、確実に応援してくれる方々は増えていきました。「月壱くらぶ」という、月に一度２０００円分の農産物・加工品を発送する仕事は、5月に32軒からスタートし、２０１３年３月現在会員登録１０４軒になっています。震災前、私たちが販売していたお客様を中心に配達の仕事もしていますが、すべてベクレル数、栽培履歴を添えて提供しています。

そんななか、２０１2年夏に、三春町にある「大空会」の直売所が立ち退かなければならないという話が出ました。私たち「青柳堂」（ばあちゃんたちの農業の屋号）も、「大空会」のメンバーも新しい販売の場所がほしかったのです。当初「みんなで出資してお店を建てませんか?」と呼びかけましたが、お金がからむことには、みなさん消極的でした。そこで「私たち夫婦が建ててみんなに使ってもらおう！」と決めたのが、２０１2年9月末です。

あちこち当たって10月5日、三春町国道バイパス沿いの一等地に約４００坪の土地を借りることができました。持ち主は、東北各地に支店を持つビニールハウスの会社で、「農業の振興がなければ、私たちの会社も先がありません。お貸しします。がんばってください！」とおっしゃって下さいました。

私たちは、すぐに友人の一級建築士に設計を依頼し、資金繰りにかかりました。地区の農業改良普及所、田村市役所農林課に相談に行き、アドバイスを求めましたが、残念ながら助成金などの方策は見つかりませんでした。そこで、融資について尋ねてみると、「日本政策金融公庫がいいだろう」と多くの方に言われました。

金融公庫に初めて行ったのが、11月16日でした。当初、農業者としての窓口での融資が可能かと思ったのですが、２０１１年7月に一緒に農業をするために沖縄から戻った長男が、新規就農者として認められたことや、お店の業務内容が販売なので、農業枠での融資は無理となりました。そこで、女性やシニアの起業のための枠に申し込むことになりました。それが、２０１２年12月25日です。

秋に、私が内閣府の起業支援プロジェクトの採択を受けた過程で、販売グループは法人化する必要があり、２０１３年1月23日に株式会社「壱(いち)から屋」を設立しました。公庫からも、法人として融資を受けた方がいいと言われたので、何かと好都合だろうと考えました。

融資の正式な申し込みが2月5日、担当の方と面談したのが13日、「調査、検討します」と言われて、待ち続けて約1か月、3月7日にこちらから電話で尋ねた返事は「一切融資できない」というものでした。翌日、「納得できる説明がほしい」と、公庫窓口に行った私に返ってきた返事は、借地に建てた物件には担保が取れない、収支計画が弱すぎる、自己資金が少な過ぎるというものでした。

土地の持ち主と賃貸契約をして、設計図もほぼ完成しています。地鎮祭は4月2日の予定まで立っている今になって、「あなたたちがやろうとしている事業には、国は1円も融資しない」と宣言されたのです。女性、シニア起業のための研修会で、私は確かに「７２００万円までの融資枠がある」と書いてあるパンフレットをいただき、原発事故の被害者が仲間のために建てる直売所を、国はきっと後押ししてくれると信じ切っていましたが、支援ゼロ判定でした。

「甘い！」と批判されても仕方ない経緯です。

私たちにお金はなく、夢は夢であきらめるしかないのか——。

いいえ、どうしても建てる！

私は、「大空会」の仲間に、「夏までに店を建てるから、種を蒔いて下さい」と言ったのだから、何がなんでも建てる！

くやしさと先に進むための希望だけが、今の私たちのエネルギーです。

近所のおばあちゃんにタマネギを作っている方がいます。有用微生物培養液を入れたボカシ肥料で作ったタマネギは、包丁を入れるとシュッと音がするほどみずみずしいものでした。大変おいしいタマネギでしたが、２０１１年はほとんど注文がなく、多くは腐らせてしまったそうです。昨年、私たち「壱から屋」がおばあちゃんからすべて買い上げ、販売しました。わずか3万円ほどのお支払いでしたが、おばあちゃんの素晴らしい笑顔は、私たちにも大きな喜びになりました。今年はもう少し売れるように作付を増やしたということです。うれしい限りです。

私自身、生産者であると同時に消費者でもあります。チェルノブイリ原発事故の時、ヨーロッパからの輸入品は買わなかったし、ベクレルの値は気になります。放射能による健康被害がいつどう出るのか、子どもたちの身体を心配している多くの親御さんたちにとって、食べ物のデータが見やすく表示されているのは、食べるか食べないかの判断材料として必要だと思うのです。やみくもに不安がるのではなく、ドイツの大人8ベクレル、子ども4ベクレルを基準にするのか、ウクライナの主食は20ベクレルを越さないようにするのを基準にするのか、自分で決定して、それに従って食生活を作ることが大切なように思います。野菜、果物、加工品にベクレル、栽培履歴が示されているのは、買う立場にはうれしいことだと考えます。またそこに、食べ方（ベクレルの下げ方）があれば、もっといいはずです。

店の名前は、「えすぺり」です。esperiとは、エスペラント語で「希望を持つ」という意味です．柔らかな語感のひらがなにし、そこから笑いと希望が生まれる場所にしたいという願いから名付けました。

店舗と作業場の敷居を取ると、そこはかなりの広さを持つイベントハウスになります。私たちは、結婚した年から手作り人形劇の公演を続けていて、もう28年目になります。主に農閑期に、保育所や幼稚園を中心に人形劇を見てもらい、公演回数は1600回を越しています。「えすぺり」では、私の反原発人形劇「太郎と花子のものがたり」を定期的に上演し、ほかにコンサート、絵画展、写真展、上映会などを行う予定です。そして、食品のベクレルを下げるための料理講習会にも利用しようと思っています。ヨガのインストラクターの資格を取った友人は、教室として使いたいと言っています。これ以外にも様々なイベントが開催できると思います。多くの人が集い、想いを伝え合う場所に「えすぺり」はきっとなります。そのように作っていきます。

母ちゃん日記　耕し、土から恵みを受ける喜び

「橋のない川」の作者の住井すゑさんが、「子ども時代に土と触れることことのない人生は不幸だ」（言葉は違うかもしれませんが、このようなことを書かれていました）と言ったように、あるいはドイツの教育者のシュタイナーが授業に農業を取り入れているように、耕すこと、土から恵みを受けることは生きることの基本である、と私は思うのです。戦後、その大切な産業がどんどん破壊されてしまったことが残念でなりません。

それでも畑に立つおばちゃんたちは元気でした。太陽と雨と風の中に暮すことの喜びを知っているからです。私の今年89才になる実家の母でさえ、春になり空気が温まってくると、何やらそわそわと落ち着かなくなり、今年はジャガイモをどれくらい作付けしようか？などと言っているくらい、私たち日本人の身体の中には、農耕する者の遺伝子が組み込まれてきたのだと思うのです。その大切なものを根底から破壊したのが、今回の原発事故です。大地も、山も川も、そして海も、もう元に戻ることはできません。福島は、実直な人間の多い所です。スマートさにはやや欠けるかもしれないけれど、正直に誠実に生きようとしてい

る人をたくさん知っています。その方々に再び心からの笑顔を取り戻してもらいたい！　人が本当に笑えるのは、良い仕事を成し遂げた時です。誰かのために心を尽くし、その人に喜んでもらえた、農民ならば誰かに「おいしい！」と言ってもらえた時の喜びに勝るものはないでしょう。

原発事故以来、私の胸の中にいつもくっついて離れないのは、身体に悪い物を作っているんじゃないかという「やましさ」です。28年前、子どもたちに安全な食事を作ってやりたいからと有機農業に就いたのに、セシウム入りの野菜を作って、料理したり売ったりするのは罪なのではないのかというやましさが絶えずあります。

でも悲しいことに、ベクレルが検出されても、私たちのトマトはとてもおいしかったのです。手の平に赤くつぶらなミニトマト、つややかな一粒に濃縮された夏の味。トマトに罪はない、人間の所業が招いた汚染に泣いているのはトマトじゃないか、なぜ、忌み嫌われなくちゃいけないのか――。

「この地に残り、この地を慈しみ、ともに生きていくべきなのだ」と野菜たちに教えられたのです。

まず私たちがするべきことは、農産物についての情報をきちんとお客様に伝えて、理解して買ってくださる方を探しつながっていくことです。「えすぺり」は、私たちと想いをともにする人の生活と心の拠りどころになるのです。確かに仕事として、ビジネスとして、成功させなければなりません。でも利益を上げるだけが良い仕事ではないはず。そこに関わる人にとって笑顔が生まれる場所でなければなりません。ひいては、若い農業者が「よし！　農業で食べていける！」と確信が持てる場所でなければなりません。

福島は自然が美しいところです。私たちがお店を建てるところは、有名な滝桜から約４㎞のところです。三春町にはそれはそれは、たくさんの桜があります。そんな美しい故郷、福島に生きるということは、同時に放射能と生きるということです。自然を汚した20世紀の大人の一人として、責任を考え続けるということです。

今回の事故で、多くの意見が交わされ、福島は放射能の汚染だけでなく、賠償金や保証金に、気持ちまで影響を受けてしまっている人たちの話もよく耳にします。でも美しい故郷を、可能な限り取り戻すために働こうとしている人たちもたくさんいます。

いつの日にか、もしかすると50年とか１００年とかかかるかもしれないけれど、「あの福島が一番美しい」と言われるようになるように、今その足掛かりを作りたい、そう思います。

家の屋根には太陽光発電が光り、風力発電の羽がゆっくりゆっくり回る丘に続く段々畑には、季節の花が咲きそろい、畑にはたわわに実るキュウリやナス。あちこちのベンチにはくつろぐお年寄り、コテージふうの住まいの中庭では、みんなで集まって石釜にパンを仕込むところ。あっちの家では今夜は手打ちそばらしい。自給の農産物を持ち寄って、お金をかけない、でも豊かな食事。歌の上手は歌を歌い、踊りの上手は踊りを踊る。騒音が消えた空間では、小さなロウソクの明かりがあたたかく、虫の鳴き声が耳元にやさしい。

２０１１年３月11日のあの日から、私たちは変わった。人生の本当の価値がどこにあるのか考え続け、行き着くのは、いつかたどった狂乱文化の社会ではなく、他人にも、自分にも、自然にもやさしい、負荷をかけない世界。「えすぺり」は小さなお店ですが、そんな気持ちの人が集まる場所にしたいのです。

母ちゃん日記　甘くないぞ！「えすぺり」の経営

「えすぺり」の建設のため、お金を持たない私たちは、ありとあらゆる人に資金援助、融資を頼むために駆けずり回りました。必死でした。その結果約1か月で、２６００万ものお金が集まり、自己資金と合わせてなんとか建設資金を賄うことができました。商売の経験もない農業者に寄せる想いの熱さに感動の日々でした。

２０１３年7月13日に、野菜とパンの店「えすぺり」はオープンしました。26名の出資者と、カンパを寄せて下さった約１００名の方々のおかげです。

オープン初日はお祝いの花ばなが美しさを競い、友人がクラリネットを吹いてくれたり、ピエロがやって来たり、友人たちが飾ってくれた色とりどりの風船が揺れ、店にあふれるほどのお客様がいらっしゃり、それはそれはにぎやかな始まりでした。

でも、日がたつにつれ、花ばなは枯れて茶色に変色し、舞い上がった風船はしぼみ、ヘナヘナと地に落ちていきます。

6人のスタッフを雇う体制で始めたのですが、秋風が吹く頃には客足は次第に減り、「このままでは店の経営は立ちいかない」ことがわかってきたのです。

畑仕事と人形劇しかやってこなかった私たちは、商売について全くの素人で、「えすぺり」で冷や汗をかきながら右往左往する毎日でした。「何の店かわからない」とか「いつ来ても品ぞろえの悪い店だ」とお客様や関係者から厳しい注意や叱責も受けました。仕入れや諸経費、そして何より人件費の捻出に苦しみ、店内で一人泣いたこともありました。翌2014年の始めには、店の立ち上げに尽力して下さったスタッフに辞めてもらわざるを得なくなり、みなさんの目をまともに見られない日が続きました。

そして2014年3月から、私が一人で店番をして、必要に応じて夫と海君がサポートする体制になったのです。

家や畑がある船引町から約12㎞、三春町桜ヶ丘三丁目にポチリと落ちた「えすぺり」という小さな種が、根を伸ばし、芽が吹き出し、枝葉が育ち、小さな花を咲かせ、実を結ぶまで、いったいどれだけの時間が必要なのでしょう。

「えすぺり」の売上は、低空飛行の状態から抜け出せないでいますが、でも低空ながら墜落してはいません。そして小さな直売所は、身体に良い物を販売する店であると同時に、コミュニティスペースとしての機能を見せ始めているのです。

ひげ父ちゃん日記

毎月15日は『放射能の日』

（えすぺり通信 No.2 2014年3月21日より）

あの大震災の3月15日、午後2時。わが家にあるR－DAN（放射能検知器。28年前のチェルノブイリ原発事故後購入していた）の赤ランプが突然点滅し、けたたましく警報音が鳴り響きました。それまでの数値が一気に30倍にもはね上がりました。

当時、わが家は6人家族（娘2人、息子1人、母、私たち夫婦）。原発事故関連のニュースがテレビから流れているその脇で、R－DANが鳴ったのです。泣き叫ぶ娘の声を聞きながら、私自身もパニック状態でした。「冷静に…冷静に…」自分を落ち着かせながら、とにかく西の方角に逃げること、そして6人が泊まれる場所を確保する、そのことだけを考えました。幸い、郡山市大槻町（自宅から30㎞西方）の知人の離れを借りられることになり、5人乗りのライトバンに食糧や毛布を積み込み、1時間後の午後3時に全員で乗り込み出発しました。

チェルノブイリ原発事故後に出版された、『見えない雲』という本を読んだことがありましたが、それから25年後、私たちの現実となってしまいました。放射能の雲はその日、その時、確実にわが家上空に到達していたのです。

あの日、午前中は北から南に向けて風が吹いていたものの、午後からは東から西の方角に変わり、その風に乗った放射能の雲が、午後2時にわが家上空に達したのです。その後、風向きは北西の方角となり、飯舘村、川俣町、福島市方面に向かうのです。午後4時頃から雨になり、気温の低下とともに、みぞれ、そして雪に変わりました。飯舘村に大量の放射能が降下したのは、その雪のせいだと言われています。

私は毎月15日を『放射能の日』と決め、自分が管理しているフェイスブックの「えすぺり」と「大河原伸」の関連の記事を必ずシェアすることにしています。２０１１年3月15日から福島の悲劇が始まったのです。そのことを決して忘れない、そしてその後何があったのかを訴え続けていかなければいけないと思っています。それは体験した者の宿命です。

さて、いよいよ忙しい農作業の始まりです！

雪が溶けて畑の土が見えてくると、農民は落ち着かなくなります。夏野菜の準備をしなければならないからです。まずは畑を耕して、ジャガイモの種まきの準備です。夏野菜の種を買い求め、苗床や苗土の準備もしなければいけません。田んぼの種モミの準備、苗代用のパイプハウスの準備もそろそろです。

春の遅い阿武隈山地の4月は農作業が一気に忙しくなります。夏野菜や苗代の苗の管理は1日たりとも目が離せません。水分の管理、気温の管理——。まさに乳のみ児を育てるのと同じです。田植えや野菜の定植が終るまでは気が安まる時がありません。それでも農民にとってワクワクする季節でもあるのです。「あっちの畑にあの野菜…こっちの畑にはあの野菜…」と思いをめぐらせています。

母ちゃん日記 「えすぺり」がようやく1才になりました!

（えすぺり通信 No.18（2014年7月11日より）


約30年、有機農業を軸に田んぼや畑で生活してきた私たちが、原発事故に負けたくなくて、ささやかながら会社を作り、小さなお店を持って1年、まさに人生の大きな転換期でした。

「ド素人が商売に手を出すなんて、あまりに無謀だ!」と国の金融機関からの融資を断られ、途方にくれたこともありました。開店してからも様々な人間関係に悩み、眠れない夜もずいぶんありました。

確かに、経営的には今も綱渡りの状態です。一人で店番をしていて、1時間も2時間も誰も来ない時、「本当に私たち、大丈夫なのかなあ…」と突然不安の中にドーンと落っこちてしまうこともたびたびです。

でも「えすぺり」を開いたおかげで、たくさんの人と知り合いになりました。お店を持たなかったら、たぶん、会うことはなかっただろうと思える方々の顔、顔、顔がいっぱい浮かびます。原発事故で人生を狂わされた方々が少しずつ話をしてくれ始めています。

2才、5才のおなじみサンが「えすぺりのおばちゃん！」とにっこりしてくれると、本当にうれしくなります。ランチやスムージーやかき氷、新しいメニューを出す時は、ドキドキして「おいしい！」と言ってもらえると幸せな気分になれます。

野菜の食べ方や生産者について、お客様と親しく話をする時間も増えてきています。コンビニやスーパーマーケットのようになんの会話もない買い物ではなく、私があなたを認識し、あなたが私を知っていてくれる関係を、「えすぺり」は大切にしたいと思っています。「赤いトマト」の人形を使って、現在進んでいる「えすぺりキッズ」の人形劇ワークショップや、現職、退職の保育士さんたちの人形劇ワークショップ、若い農業後継者を発見し、育てる努力、さらに子育て中の若い親御さんにアドバイスをしたり、私たちにできることはまだまだあるはずです。

店の駐車場の周囲に金魚草と松葉ぼたんの苗を植えました。まだどの苗も弱々しく、か細く、枯れてしまいそうなのもありますが、でも私は大切に見続けます。それらの花々はきっと今年小さな花を咲かせ、種を落とすはずです。来年になれば、種はそれぞれに芽吹き、今年よりは確実にたくさんの花を咲かせてくれるはずです。それらの花のように、お金も宣伝力も強力な人脈もない「えすぺり」が1年後、3年後、5年後と、たくさんのつながりを作り、単なる直売所ではない、みなさんの〝心の寄り所〟になれたらうれしいです。

みなさん、2年目に入る「えすぺり」をどうぞよろしくお願いいたします。おいしい野菜や加工品、ランチなどなど、そして身体にやさしい日用品、取りそろえてお待ちしています。

ヒゲ父ちゃん日記

「えすぺり」2年目のスタート！

（えすぺり通信 No.19 2014年7月18日より）

7月11、12、13日の3日間、「えすぺり一周年記念祭」にお出かけ下さったみなさん、店には来れなかったけれど、熱い想いを届けてくれたみなさん、本当にありがとうございました。私たちはたくさんのみなさんに支えられて今日があるということを、強く実感しました。

思えば昨年の今ごろ、右も左もわからない素人が店の経営に乗り出し、なんとかオープンにこぎ着けたものの、不安ばかりが募る毎日を過ごしていました。「大きな借金をしてまで自分たちがすべきことだったのか…？」、何度この自問自答を繰り返してきたかわかりません。そもそもなんでこの「えすぺり」を建設することになったかを少し説明します。

なんと言っても大きな原因は原発事故でした。事故前、我が家の農業経営は有機農産物と平飼いタマゴを週に一度、郡山市内のお客様に届けることで成り立っていました。ところが、わが家の野菜からも放射能が検出されたことを公表すると、次々とお客さんが離れていき、多い時の3分の1まで減少してしまいました。経営が立ち行かなくなり、できた野菜をいくつかの直売所に運び、なんとか収入を得ていました。

ちょうど同じ頃、カミさんの所属していた女性グループの直売所も、放射能問題で客が減り、そのうえ、地主からは立ち退きを迫られる事態となり、約20年続けてきた毎週土曜日の野菜販売は、あえなく休止となってしまいました。

翌2012年春に、今後の話し合いをした時、これまでなら会えばペチャクチャ、話せばゲラゲラのおばちゃんたちから笑顔が一切消えていました。それは野菜が売れないということだけではなく、これまで農民として生きてきたプライドを大きく傷つけられた、その悲しさ、くやしさからなのだと思いました。

私たち夫婦は新しい直売所を建設することを提案しましたが、「こんな売れない時に作っても…」「私たち主婦に出せるお金はない…」など、賛成する意見は出てきませんでした。それらはある程度予想していたことなので、私たち夫婦で店を建設することを宣言し、野菜出荷のお願いをしました。

事故から1年がたち、良くなるどころか、事態はますます深刻になり、市場から福島の農産物は外されたり、取り引きしても半値以下にされることが珍しいことではなくなりました。野菜が売れないということは、農家にお金が入ってこないということなのです。こういった現実のなかで助けてくれる人はいませんでした。

ただ耐えてじっとしているか？　未来のために汗とお金を使うか？　私たちは後者を選択しました。それは農民としてのプライド、そして意地でもありました。「自分たちの直売所を作ろう！」と腹が決まれば、あとは前に進むだけでした。土地探し、建物の設計、そして資金集めと、次々と高いハードルが迫ってきましたが、なんとかクリアし、２０１３年7月13日にオープンとなりました。

この1年は前途多難、右往左往の連続で、多くのみなさんにご迷惑やご心配をたくさんかけてしまいました。反省することばかりです。「素人だから仕方がない…」は2年目からは通用しません。しっかりと経営者としての自覚を持って、ここからは歩んでいきます。

このところ、私たち自身、身体も心も「えすぺり」になじんできたのか、農業と店の経営が両立しつつあり、以前ほど疲れなくなりました。また、三春という町の様子も徐々にわかり始め、この1年で友人知人がたくさんできました。特に子どもたちと友だちになりました。

そして何よりうれしいのは、農家のおばちゃんに笑顔が戻ってきたことです。ここでどんなことができるのか、私たちにどんな役割があるのか、少しだけ見えつつあります。「esperi——希望を持つ」。その希望が少しずつ見えつつあるのです。これからもっともっと「えすぺり」をおもしろい店にしていきます。どうぞご期待ください！

母ちゃん日記 「月壱くらぶ」について

（えすぺり通信 No.19 2014年7月18日より）

2011年、春から夏にかけて私たち農民は途方にくれました。野菜の出荷規制がかかり、根菜類など一部の販売だけになりました。三春町のフレンドパークで週に一度、直売所を開いていた「大空会」の仲間も同じでした。話し合いの結果、直売所をしばらく休むことにして、6月から再開したのです。でも再開しても以前のにぎわいは戻ってきませんでした。開催日の土曜の午後には、ハウス前に列ができるほど評判が良かったのに、客数も売り上げも半減しました。

「さて、どうしようか？」

待っていてもお客様が来てくれないのなら、探しに行こうと思いました。幸い、2011年秋には私たちの家で放射能の市民測定所を開くことができ、仲間の農産物の測定結果がほとんど10ベクレル以下だとわかりました。測定結果を公表して「この数値なら食べてもいいよ！」と言ってくれる消費者を探す方向性がつきました。

あの頃のことを思い返すと本当に「もがいていた」という表現がぴったりだと思います。浮かび上がるのか、このまま沈むのか、浮かび上がるとしても自分たちが望む岸にたどりつけるのか、どのぐらい時間がかかるのか、それまで私たちの体力が持つのか、全くわからない状態で、夫と私は小さな販売の会社を立ち上げたのです。

「放射能に、自分の人生設計をじゃまされたくない」と、2011年7月に沖縄から福島に戻り、一緒に有機農業を始めた息子も、役員になってくれて、親子3人、アルバイト2人の小さな会社がスタートしました。会社名は「壱から屋」です。25年間積み上げてきたものを壊されてしまったので、一から始める意味でそう名付けました。

それまでの郡山市中心への配達、そして新たに始めたのが、「月壱くらぶ」の発送の仕事でした。私たち「青柳堂」の品と、仲間の農産物、加工品を2000円分箱に入れて、「月壱くらぶ」の会員に向けて発送します。

2012年5月、32軒の発送から始まって、その後、口コミなどで広がり、2014年10月現在、北海道から九州・熊本まで約160件のお客様にお届けしています。8～9種の季節の野菜とパンなどの加工品。どれもおすすめできる品々を箱に入れ、放射能測定値（セシウム数値）、栽培履歴（農薬・化学肥料の有無）、そして短いお手紙を載せた通信を同封しています。

ニュースで「福島県産の農産物を買わないようにしている人」が約20％いて、それも昨年より増加していると聞きました。そんななか、「えすぺり」に足を運んでくださる方々、そして「月壱くらぶ」で私たちを支えて下さる方々には本当に感謝しています。

原発事故については、被害者であるはずの農民がなぜ苦しまなければならないのか、考えれば理不尽だとは思いますが、それを訴えながら前に進まなくてはいけないのだと思います。確かに放射能に、これ以上私たちの人生設計をじゃまされたくありません。

「えすぺり」で出会った方々、発送や配達でつながって下さっている人たちを考えながら、日々楽しく過ごそうと思います。

ヒゲ父ちゃん日記

私が弾き叫ぶワケ

（えすぺり通信 No.22（2014年8月8日より）

あの原発事故のあと、それまで続けてきたギターもピアノも全く興味がわかず、楽器を手にすることはありませんでした。それまではほぼ毎晩1～2時間、弾いたり歌ったりしていました。

2011年の夏が過ぎ、秋を迎えた頃、郡山市熱海町のアイスアリーナで「風とロック」というロックフェスがあり、なぜか気になりカミさんとふたりで出かけました。有名人の福山雅治が参加することで話題になり、会場は超満員でした。フィナーレの時、福島県出身のミュージシャンで、震災後すぐにできたバンドの「猪苗代湖ズ」による『アイ・ラブ・ユー&アイ・ニード・ユー　ふくしま』を大合唱した際、涙があふれて困りました。周りを見ると、誰もが泣きながら歌っていました。

あの事故から半年、そこに集まった誰もが精いっぱい生きてきたはずです。そして、その歌によって私たちは慰められ、励まされ、勇気をもらいました。私にとって原発事故後、初めての涙でした。泣いたことで私の中で変化が起こり、気持ちがスーッと落ち着いてきたのです。「歌の力」を感じた瞬間でした。「歌いたい！　ギターを弾きたい」と、帰りの車の中で強く思い、躊躇なく、その日の夜からまたギターを手にしました。

ギターを再開すると、言葉やメロディーが湧いてきて、曲作りを始めました。最初に作ったのが、『サイレント・サマー・ふくしま』という曲で、いつもの夏がやって来たのに、そこに子どもの姿がない、そんなさびしい状況を歌にしました。あの２０１１年の夏は、夏休みなのに子どもの姿を見ることはありませんでした。

サイレント・サマー・ふくしま

眩しい太陽　　光る青空
向日葵の丘の　白い雲
畑のトマトが　たわわに実り
紫のナスが　　風に揺らぐ

＊いつもと同じ夏が来たのに子どもの姿がそこにない
静かな静かな　サイレントサマー　フクシマ

鉛の雲が　急に拡がり
白い稲妻　縦に走る

雨音が消えて　日射しが戻り
見上げればそこに　でかい虹

＊くり返し
キラキラ輝く　プールの上を
ツバメの親子が　円を描く
花壇に広がる　赤いサルビア
校舎の窓に　空が映る

＊くり返し

全くのオリジナル曲もあれば、カバー曲（「七つの子」「故郷」「500マイル」などなど）、すでに20曲ほど作りました。いろいろな所で「弾き語り」をしてきましたが、3年目に、そんな生ぬるい歌い方では相手の心に届かないことに気付き、思い切って変えることにしました。私の敬愛するミュージシャン、和気優さんは「弾き叫び」と称して、迫力のある歌い方をします。私もそれにならって、一つひとつの言葉に魂を込め、相手の胸の中に届けるように歌うことにしました。

原発事故から3年以上経過しても、農家をはじめいろいろな業種の人、そして避難している人たちの生活状況は改善されないままです。しかも世間からはどんどん忘れ去られ、置き去りにされていくように感じることもあります。「コンチクショー!!」と怒鳴りたい気持ちにもなっても、いったい誰にその想いをぶつければいいのかわかりません。そこで私は、それらの想いを歌に託すことにしました。

この頃歌う場が増えてきています。喜多方市内で和気優さんの前座の一人として歌いました。東京都大田区のコミュニティーセンターや、東京都高円寺のライブハウスに出演することが決まりました。200万福島県民の想いと、農民の怒りをみなさんに思い切り「弾き叫んで」こようと思っています。

カミさんはこの頃、歌い手として私のことを紹介する時に、「シンガーソングライター」ではなく、「伸はソング・ライター」とちゃかします。3年前、私が受けた「歌の力」を、今度は誰かに届けたいと思います。

ヒゲ父ちゃん日記

三足目のわらじ

（えすぺり通信　№31　2014年10月10日より）

私は38年前から農業を始め、32年前からは有機農業、29年前から人形劇も始めました。有機農業と人形劇の二足のわらじを長いこと続けてきて、さらに7月からは、三足目のわらじである直売所の経営が加わりました。これがなかなか履きにくく、難儀（なんぎ）をしています。

有機農業は30年以上の経験があり、一切の化学肥料も農薬も使用しないでちゃんと育ち、おいしい野菜ができます。それは長い年月をかけて土作りをしてきた結果なのです。牛を飼い、鶏を育て、良質の堆肥を作り、施（ほどこ）してきました。

人形劇の公演回数は１８００回を上回っています。０才児から老人施設のおじいちゃん、おばあちゃんまで幅広く観てもらい、楽しんでもらっています。作品も20以上となり、どの年代にも対応できるようになりました。

しかし、直売所の経営は人形劇のような訳にはいきません。それはまるで補助車なしでいきなり自転車に乗ったようなもので、こがないと前に進まないし、ひっくり返ってしまいます。なんとかクネクネ、ヨタヨタと転びそうになりながらも自転車をこいでいます。

あの原発事故がなかったら、私たちは今頃「農家レストラン」の準備をしていたはずです。60才を境に、郡山市内のお客さんに野菜やタマゴを届けていた、それまでの農業経営に区切りをつけ、築１４０年の母屋を改装し、囲炉裏のある落ち着いた店にしようと話し合いました。野菜がたくさん収穫できる季節に店を開き、冬から春先にかけては人形劇の公演をして回り、少しのんびりとした暮らし方をしたいものだと思っていました。

しかし、原発事故でその夢はあっさりと消え、どうやって野菜を売るか？　どうやって生活費を稼ぐか？　どうやって農民として生きる意義を取り戻すか？　毎日毎日模索の日々でした。そして1年後、私たち夫婦が出した結論は直売所を作ることでした。プライドをズタズタに傷付けられた私たち農民の、農民による、農民のための直売所にしようと強く思いました。

まず土地探しから始め、資金集め、設計、施工の依頼、取り引き業者の選定——。どれもこれも初めて経験することばかりで、もうヘトヘトでした。お店ができ上がってもそれがゴールではなく、そこからがスタートでした。

この1年半の間にいろいろな人から意見がありました。「素人が商売に手を出して、うまくいくはずがない」とか、「経営能力がない」など…。しかし、その反面、確実に私たちを応援してくれる人たちが増えてきました。それは本当にうれしいことです。

考えてみると、有機農業も人形劇も、最初の頃はお粗末なものでした。セリフが棒読みで、小学生の学芸会のような芝居しかできていませんでした。それでもあきらめずに続けてきました。

店を経営することがどれほど大変なことか、身をもって知らされています。しかしここであきらめる訳にはいきません。それは生産者のためでもあり、「えすぺり」を愛して下さるお客さんのためでもあります。

下手な自転車乗りも乗り続ければそのうちうまくなるはずです。そしてこの頃「三足目のわらじ」が少しずつ足になじみつつあります。「えすぺり」が私たちの身体の一部のようになるはまだまだ時間がかかるのだと思います。

ヒゲ父ちゃん日記

気になる県内の温度差

（えすぺり通信　No.40　2014年12月12日発行より）

震災・原発事故から3年9か月。たくさんの問題を抱え続けている福島県と、他県との温度差はどんどん広がるばかりですが、最近県内でもそのことを感じました。

今月3日、約4年ぶりに小高小学校の「おはなしのへや」という読みきかせの会で、人形劇の公演をしてきました。現在、南相馬市小高地区は「警戒区域」。同市内の鹿島地区、鹿島中学校の敷地内に仮校舎を建て、そこで授業を受けています。「おはなしのへや」クリスマス会は、午前中は1年～4年。午後は5～6年生が対象でした。ショックな出来事は午前中ありました。

演目の『赤ずきんとオオカミ』のセリフのなかで、赤ずきんが「私のおばあちゃんは森のむこうのお家で一人で暮らしているの。みんなのおばあちゃんは一緒に暮らしているの？」と問いかけをします。ふだん、子どもたちから「一緒だよ！」とか「ううん。違う遠いところにいるよ!!」と声がかかりますが、その時は「（家族は）みんなバラバラだ！」「原発のせいだ！」と、2～3年生の子どもたちの中から声が上がりました。

私たちはもちろん、会場の空気が凍り付きました。ふだんの会話のなかに、そういったことが話されているからなのだと思います。その後、なんとかいつもの雰囲気に戻り、子どもたちに喜んでもらうことができました。

また、小高地区から仙台市内に避難している会のお母さんは、「私たちはいまだにマイナスの位置にいます。いつになったらプラスの位置に立てるのか、まるでわかりません…」と。久し振りに仲間に会い、明るく笑っているそのお母さんのうしろに、深くて暗い闇を感じました。

同じ福島県民として、同じく原発事故の被害を受けた者として、私は原発周辺の人々のことをほとんど理解せずに、ここまで来てしまったことを思い知らされました。

そういう想いを抱きながら、7日、喜多方市内で開催された「ロックデイ」というイベントに参加し、歌を歌ってきました。歌った4曲すべてが原発事故で被害を受けた農民の立場で作ったものです。私が歌い始めると、それまで手拍子でノリノリだった会場が一変、水を打ったように静まり返りました。私たちのくやしい想い、同じ生産者の悲しさや涙、それに「浜通り地方」の故郷を追われた人々の無念さ…。そういったもろもろの感情を歌に込めて弾き叫びました。

同じ県内の、車で1時間半ほど走ったところでは、原発事故の話題がほとんどないそうです。実行委員長が私を呼んだ一番の理由は、「喜多方市民が原発事故を忘れてほしくないから」ということでした。

いくつものバンドのなかには、私と同じ世代の「おじさんバンド」、それ以上の「おじいちゃんバンド」があり、若々しいファッションや激しいリズム、大音量のドラムやギターが鳴っていましたが、私の心には響きませんでした。それは今の私にはそれらを楽しめる心境ではないからです。ここでも温度差を感じました。

私の住む田村市内でもそれを感じています。除染作業や建設・土木関係の仕事をしている人たちは忙しく、景気のいい話が多いのです。しかし農業は依然として低迷し、追い討ちをかけるように米価が引き下げられました。おそらく農業から離れていく人が増えることでしょう――。

同じ福島県でありながらこんなにバラバラになった今、自分に何ができるのか、何をしなければいけないのか考えてしまいました。少なくとも、もっと原発事故で避難している人たちの話を聞くことはできるし、そしてそれらのことを知らない人たちに伝えることはできます。まずはそこから始めてみようと思います。私が歌ったり、話をしたりすることは、大した役には立たないかもしれませんが、それでも生きている限りは続けようと思っています。

ヒゲ父ちゃん日記

あれからもう4年

（えすぺり通信　No.51　2015年3月5日より）

まもなく「3・11」がやって来ます。あの大震災、そして原発事故は私たちのそれまでの生活環境や暮らし方を大きく変えてしまいました。この4年の間、みなさん一人ひとりが大変な状況のなかで、日々戦ってきたと思います。私たちも簡単には書き表せないほどの、くやしくてつらい、いくつもの戦いがありました。5年目を迎えるにあたり、これまでのことを整理して書き残しておこうと思いました。

2011年3月11日午後2時46分、震度6弱の揺れでも築140年のわが家は無事で、その日のうちに被害を修復できる程度でした。停電も断水もなく、食糧は豊富にあったので生活に困ることはありませんでした。ただ余震が頻繁にあり、家族全員、コタツに車座になって休みました。

そして、放射能の雲は3月15日午後2時にわが家上空に到達しました。簡易放射能検知器

（R‐DAN）のそれまで安定していた数値が急激に上昇、またたく間に30倍に達し、赤いランプが点滅し、アラームが鳴り続けました。事故を起こした第1原発はわが家から東へ39㎞。西の方角の知人宅に電話を入れ、家族6人の受け入れの了解を得ました。5人乗りのライトバンに6人で乗り込み、毛布や家にあった食糧を積み、1時間後の3時に出発しました。途中のコンビニやスーパーでインスタント食品を探しましたが、ほとんど棚から消えていました。

知人宅の離れで一晩過ごしましたが、残してきた家畜（牛、鶏）が気になる私と、早くも家に戻りたい母（当時79才）とふたりで、翌日午前に自宅へ戻りました。その翌日、「R‐DAN」の数値がかなり下がったのを確認して、残っていた家族を迎えに行きました。その後もう一度、原発が危ないとの情報があり、子どもたちとカミさんが知人宅に避難しましたが、すぐに戻り長期避難はしませんでした。

私たちにとって一番大きなダメージは、有機農業のお客さんが次々と離れていってしまったことでした。33年前から有機農業を始め、郡山市内を中心に多い時は65軒ほどへ、野菜や平飼いタマゴを配達していました。長い人は20年以上の付き合いで、子育ての悩みを聞いたり、古着や自転車や机などを譲ってもらったりと、それはもう親戚のような関係になっていました。

ところが2011年の夏のトマトから12ベクレル（1kg当り）のセシウムが検出されたこ

とを公表すると、その日の夜から、「子どもや孫に、放射能の付いた野菜は食べさせられないので、しばらく休ませて下さい」といった内容の電話が相次ぎ、半分以上のみなさんが離れていきました。結局、26年間も続けてきた週1回の宅配は、その年の7月いっぱいでやめざるを得ませんでした。

離れていったお客さんを、私は責められません。あのチェルノブイリ事故のあと、ヨーロッパ産の物さえ購入を控えたのですから、事故原発からわずか39㎞の野菜を食べたくないという気持ちは理解できます。

「作っても売れない…」「誰も喜んでくれない…」

これまで培ってきた農民としてのプライドは、ボロボロに踏みにじられ、私たち福島の農民は、暗いトンネルの中に無理矢理放り込まれてしまったようでした。そんな2012年春、私たち夫婦は、光を求めて行動を起こす決意を固めたのでした。

ヒゲ父ちゃん日記

風評被害と損害賠償

（えすぺり通信 №52（2015年3月13日より）

2011年の夏、こんなニュースが流れていました。お盆で帰省した人たちが高速道路で帰る際、福島県と栃木県の県境のサービスエリアやパーキングエリアのゴミ箱に、大量の米や野菜を棄(す)て、それらは付近の土手まで広がっていたそうです。例年通り用意されたお土産をもらって帰ったものの、放射能の心配からそういった行動になったのでしょうが、ショックでした。その後、親戚や子どもたちに農産物を送ると、「なんでこんな物、送ってよこすんだ！」と怒られた農家の話は山ほどありました。

「もう福島には行かないから、孫に会いたいんだったらそっちから来て！」と、冷たく娘に言われたとさびしそうに話すおばあちゃんもいました。

「福島の農産物が市場に流れるから混乱するんだ。一切農家に作らせるな」といった強硬な意見を耳にすることもあり、私たちは罪なことをしているんだろうか？　と思うこともありました。

ピーマン農家はもっとみじめでした。収穫最盛期、風評被害で価格が暴落し、ＪＡに出荷しても手数料、選果代、箱代、運賃などの経費を差し引くと、まったくの赤字で、ＪＡの貯金から引かれたそうです。春先から苗を育て、手をかけて収穫できるようになったのに、出荷すればするほど、貯金の残高が減っていくのです。ＪＡ職員は「東京電力に損害賠償の請求をするには、安くても出してもらわなければいけません」との説明で、泣く泣く出荷を続けたそうです。

東電の農家に対する損害賠償の仕組みは、原発事故前の価格と、事故後の価格×販売量なのです。ＪＡでは過去2年間の販売価格の平均との差額を請求したようです。東電は作物を作って販売した人にしか賠償金を払いません。私たちのように顧客が減って、栽培面積を減らした場合などその補償はありません。安かろうが嫌われようが、市場に出して販売実績を上げないと支払ってくれないのです。

母ちゃん日記　手をつなぐ輪が広がる（2015年12月）

グリンピースの方々の大きな力で、2016年1月早そう、屋根に10キロほどのソーラーパネルが上がることとなりました。「再生可能エネルギーで暮らしたい」という、私たちの希望の第一歩が踏み出されるのです。グリンピースの方々から委託された業務内容は、ソーラークッカーのワークショップや太陽光の素晴らしさを人形劇で表現するパフォーマンスなど、ウキウキしてくるものです。日本全国だけでなく世界に向けて、「福島を変えたい！」という想いを発信していきます。

また、正直に真面目に仕事をしていれば、必ず手を差し伸べてくれる人たちがいることを実感しています。

「月壱くらぶ」の会員数は、約180軒までできました。郡山方面への配達も月に2回続いていて、震災をはさんで応援していて下さる方々と、とてもいい関係を紡んでいます。また、キリスト教関係の一般社団法人「いぶき宿」の方々は2011年から3年間、岩手県大船渡の漁民を支援して、現地がかなりの復興を見せてきたので、今度は原発被害に苦しむ福島の農民を応援したいと申し出て下さいました。中心メンバーの人たちも、時々店にいらっしゃるシスターたちも、大変チャーミングでユーモアにあふれ、お付き合いがとても楽しいのです。

東京都大田区のNPO「くぅ～の東北」の方々は、月に一度の農産物などの販売会に「壱から屋」から仕入れていただき、とても力強い応援をして下さいます。「赤いトマト」を地区のお祭りに呼んで、人形劇を見てくれたり、「大河原さんたちの野菜にはオーラがある！」と、このうえないおほめの言葉をいただき、涙が出るほどの喜びです。

みなさんに共通するのは、単に「風評被害に悩む福島の農民を助けたい」という立場から一歩前に出て、「TPPなどの、国の農業政策に不安を感じる。まじめで後継者もいる農業者と今から太いパイプを作っておきたい。私たちは食料の確保を考えているのです」と話し、そういう視点から私たちを選んでくれていることです。生産者と消費者という立場の違いはあっても、同じことを考えている仲間なのだと実感できる喜び！　私たちの足跡、そしてこの先の方向性をちゃんと見ていてくれる人たちがいるのだと思うと、心の底からうれしさがこみ上げてきます。

ただ夢を見るだけでなく、この手に現実としてつかみ取るには細やかな準備と、一個一個石を積み上げるような日常的な作業が必要なのであり、そこには数々の恥じ入るような失敗に学び、時には自分のホホをたたきながら意志を律していく過程が大切だと思います。

国民の大多数が反対しているのに原発が再び稼働し、安保法案可決が強行され、自衛隊が世界のどこにでも銃を携えて行けることになりました。

２０１５年夏は、異常な高温が続き、野菜の花が落ちて収穫量が減ってしまいました。「異常気象」が、世界の様々な場所で人々を苦しめ、「異常」が「日常」になりつつあります。紛争もテロもまた絶えることなく続き、シリアやアフガニスタンなどから、安心できる暮らしを求め、難民となって国から去っています。人は誰でも幸福になる権利を持っています。清潔な空気と水と食べ物を保証される権利があります。

胸の中に10年後、20年後のなりたい自分がイメージできたら、その自分に向かって確実に歩き出せる環境を保証されるべきなのです。

これから先、何年生きられるかわからないけれど、おだやかで美しい故郷を心の中に描いて、そうなることを願って、できることはほんのわずかでも笑いながら、歌いながらやっていきます。

そうそう「鼻息ばあちゃん」という人形で公演の導入をするのですが、滑稽な顔、まるっきりのズーズー弁、ユーモラスな動きに、子どもたちはひっくり返って喜んでくれます。このばあちゃんこそ、私です。

海くん日記

原発事故がきっかけで農業を継ぐことにしました

（大河原　海　２０１６年７月）

私の両親は30年前から有機農業を始めました。祖父の頃は葉タバコ農家です。父は「もうタバコはやりたくない」と考えるようになり、それで有機農業を始めましたが、有機農業が今ほどは知られていないため、最初は全くうまくいかなかったそうです。父は周辺で有機農業をしている農家の手伝いをしながら勉強して、農作物を郡山市で売り歩き、お客さんを開拓していきました。しかし、２０１１年３月に原発事故が起き、放射能の汚染にお客さんは敏感で、かなり減ってしまいました。

私は２００６年に琉球大学農学部に入学して園芸を専攻しました。農学部に進んだけれど、入学した当時は特に「農家になりたい」と思っていたわけではありませんでした。

大学を1年間休学して、アルバイトでお金を貯めてピースボートに乗りました。そこでキューバの学生とディスカッションする機会があり、「日本は先進国と言われているけど、農業をすごくおろそかにしている」と言われました。キューバは農業が進んでいて、町のど真ん中に畑があったりします。そう指摘されてハッとしました。我が家も農家ですが、そんなに意識していませんでした。できる環境があるなら、やった方がいいのかなと少しずつ考えるようになりました。

しかし、農業をやろうかなと考え始めた頃に、原発事故が起きました。当時私は、大学を卒業後研究室で助手の仕事をしていました。大学での仕事を続けたい気持ちもありましたが、両親のことや我が家の仕事の心配もあり、7月に福島に戻りました。

福島に帰ったものの震災の年は作っても売れるかどうかもわからないし、土壌の線量も高いので野菜を作る気になりませんでした。事故直後はヨウ素が数万ベクレルもありました。グリンピースの人が測定して「ヨウ素だから作付けして大丈夫だ」と言ってくれたことで、少し作付けを始めましたが、夏トマトに10数ベクレル出ました。そこですごく悩みました。売るのか売らないのか、でも売らないと生活ができない——。

ほかの野菜を測るとそんなに高くないことがわかり、地元の販売が減ってしまったので、首都圏に向かって売ることを考えました。２０１２年7月から「月壱くらぶ」という野菜の共同販売の仕事を立ち上げました。月に1回、近隣の農家が何軒か集まって首都圏のお客さんに農作物やパン、加工品を販売します。これまでお付き合いのあった方々にお知らせして、口コミや父のフェイスブックなどで広がり、5年たった今は２００軒ほどになりました。

放射能汚染の不安は当時もあったし、今もあります。２０１１年9月にベラルーシ製の放射線測定器を入れました。下限値は10ベクレル前後で、セシュウム134、137をそれぞれ測定可能です。畑で作った農産物にはその数値を超えるものはありませんでした。測定をやっていくごとに「これなら大丈夫」という思いを重ねてきました。不安は少しずつ減ってきましたが、一方で小さい子どもに対しては、１００％の安心で食べさせる自信はありません。自分の中に葛藤があります。農家としては野菜を作って販売したい――でも本当に安全なのか？わからない気持ちもあります。

２０１2年に少し借金をして30間のハウスを2棟建て、トマトの栽培を始めました。行政から「トマトを作るとこういうところに販売できますよ」と紹介され、最初は何もわからず、すすめられたとおりに始めました。1年目はミディトマトを作りました。もちろん有機、無農薬で、その時に有機ＪＡＳも取りました。ミディトマトは主にその紹介された販売先に卸しました。

そして2年目は大玉トマトをやってみようと切り替えました。有機ＪＡＳも継続してやりましたが、風評被害の影響からか、買取り量がとても少なくなってしまいました。これには困ってしまいました。大きい販路に頼るのはこわいと思いました。やっぱり地道に地元のお客さんや個人のお客さんを探していくしかないと思い知らされました。２年目は模索の年で、結局トマトは半分ぐらいダメにしました。

２０１３年からは果樹を栽培することになりました。行政が地区の土地を借りてやっていた、実証圃場（じっしょうほじょう）の果樹園を管理する農家を募集する回覧板が回ってきたのです。いろんな果樹を植えていて、リンゴが約100本、桃が50本ほど、ブルーベリーも50本ぐらい、栗、プルーン、スモモもありました。その実証圃場も5、6年たって果実が取れ出してきたので、地元に還元するということになったのです。しかし地区の農家は高齢化が進み、誰も手を挙げませんでした。私は農業を始めたばかりで、何か新しいことにチャレンジするのもいいかなと思い、応募しました。果樹栽培に必要な機械も使っていいし、それらを全部貸すという、すごくいい条件でした。今、農薬は使いますが有機肥料で栽培しています。

そして2013年夏に私の両親が直売所の「えすぺり」を開きました。しかし、私はお店をやることに気が進みませんでした。なぜなら、農家だから経営能力もないし、いきなりお店を作ってもうまくいくとは思えなかったからです。実際にいまだにぎりぎりで、それでも3年たってようやく地元の人たちに認知されてきた感じです。

結婚を契機に昼はランチ、夜は居酒屋を始めました。彼女は料理の仕事の経験もあり、私もアルバイトで料理の仕事をしていたので、これからはふたりで飲食にも力を入れてやっていこうと思っています。

あの日から初めての大熊町

（えすぺり通信２０１５年５月22日より）

２０１５年５月17日、原発事故以来、初めて大熊町を訪ね、震災後そのままになっている町並み、津波で破壊された家々、異常に高い空間線量、「中間貯蔵施設」の問題など、深く重く感じるところばかりでした。

大熊町を訪ねるキッカケは、京都暁星高等学校の校長先生から「原発の近くの町に行けるだろうか？」という電話をいただいたことからでした。すぐに大熊町から三春町に避難し、大熊町の再生やスタディツアーを実施している『大熊町ふるさと応援隊』の渡部千恵子さんに連絡を取りました。

当日午前9時、渡部さんから紹介された、いわき市に避難している栃久保さんと常磐道の富岡インターで待ち合わせ、まずスクーリング場に向かいました。帰宅困難地域に入るためには、そこの住人で、その人の車で、許可証がなければ入れません。私たちは車に同乗させてもらいました。スクーリング場でタイベックスーツ、マスク、手袋、靴カバーなどのセットを渡され、今まで映像でしか見たことがなかった白い服を初めて身に付けました。それらはとても軽い素材でしたが、熱がこもる感じで、暑い時は大変だろうなと思いました。

まず案内されたのが、町の中心商店街。壊れたままのお店、壊れた道路、音のない静か過ぎる駅舎、錆びた線路…。人っ子ひとり、野良ネコの影もありませんでした。

次に沿岸部の津波の被害を受けた地区に向かいました。現在、国道6号線は全面開通していますが、そこから海岸方面の道路はバリケードがあり、あらかじめ許可申請をしておかないと入ることができず、何度もガードマンのチェックがありました。盗難被害が依然としてあり、その防止もあるようです。

熊川付近でも津波は20ｍ以上に達し、高台の地区公民館に避難していた住民はなんとか助かったそうです。その公民館はボロボロになっていました。１階部分はがらんどうで、２階はそっくりそのままの真新しい住宅や、見晴らしの良い景色のなかに、何軒もの家が点在していたと説明を受けました。「ここから先は行けないんだ」の声に目を凝らして見ると、山の向こうに煙突が何本もあり、そこが第１原発だと知らされました。目と鼻の先、１㎞もなかったと思います。

栃久保さんのお宅の近くに地区の共同墓地がありました。そこは除染作業が行われていて、雑草も少なくきれいでしたが、そのお墓をこれからどうするかが問題になっているそうです。墓石も遺骨も汚染されているという理由で、他地区に持ち出すことはできないのだそうです。これらも「核のゴミ」として扱われるのでしょうか…？

ご自宅は広い敷地に大きな２階建ての母屋、その隣りに大きな作業小屋が並んで建っていました。車から外に出る前に靴カバーの上にもう１枚、ブルーのカバーを付けました。さっそく持参したガイガーカウンターを作動させると、ビックリする値が目に飛び込んできました。24マイクロシーベルト！（我が家の外の値が0・07マイクロシーベルト）そこから道路の方に歩き出したら警報音が鳴りひびきました。持参した機器は30マイクロシーベルトを超えると鳴り出すように設定されていたのです。初めて聞くその音に緊張が高まりました。最高値で32マイクロシーベルトが検出されました。想像をはるかに超えていました。

住宅の中も見せてもらいました。それはそれはこだわりの造りで、太い大黒柱、無垢の一枚板のテーブル、広く使いやすい台所、ゆったりと大きめの家具…。栃久保さんはそれらをやさしく撫でながら「いわき市に新たに住宅を建てて住んでいるけど、どうも落ち着かない。ほかの場所にいる気がしてならない。本当はここに帰りたいんだなあ――」と。

そこは「中間貯蔵施設」の予定地になっているので、いずれその家も取り壊され、整地され、核のゴミが大量に運び込まれるのです。畑も田んぼも山も、神社やお寺やお墓や小学校も中学校も、数々の思い出の場所が跡かたもなく均（なら）され消えてしまうのです。それを思うとたまらないです…。

約2時間ほど案内をしていただき、大熊町をあとにしました。私たち農民とはまるで違う大きな痛みと苦しみを大熊町のみなさんが抱えていることを、4年も経過してやっと理解できました。

今回大熊町を訪ねた体験は、広島の原爆ドーム、平和資料館を訪ねた時と似ていました。

津波の被害、そのままの住宅、目の前の第1原発、そして高レベルの空間線量…。頭の中で理解するのではなく、身体が、皮膚が放射能をいやがっていました。

こういった現実が今まさに日本の中で起こっているのに、原発再稼動を進める人たちがいます。全く理解できません。原発が存在する限り、この悲劇は起こります。即廃炉を求めます。

この本の裏表紙にある福島原発の写真は、右側はこの時に、左側は２０１５年９月に、約２㎞離れた場所から私が撮影したものです。


（えすぺり通信２０１６年9月30日より）

想像できない未来

大熊町、双葉町に予定している「中間貯蔵施設」は福島県の土壌廃棄物のみを貯蔵対象とし、貯蔵開始から30年内に、福島県外で最終処分を完了する、と環境省の情報サイトに載っています。30年後だと私は90才。もしかすると福島県内からすべての放射能廃棄物が消え去るのを目撃できるかもしれません。逆に遅々として県外搬出が進まない時は、生き証人として文句を言ってやります。

県内にフレコンバックに入った土壌廃棄物が、いったい何袋あるのでしょうか？　私が今までに目にしただけでも万単位はあったはず。これらを他県がはたして引き受けてくれるのかなあ…？　この問題は「30年」という私の想像できる未来ですが、先日読んだ朝日新聞の記事（9月21日付）は「10万年」という途方もない数字で、私の頭では想像できない未来でした。

その記事は「原発ゴミを10万年間国が管理」というものでした。それによると、原発の制御棒などの放射能レベルが高いものは70ｍより深い岩盤にコンクリートなどで覆って埋め、「極めて高い」高レベル放射性廃棄物は、さらに深い３００ｍ以上で管理するそうです。最初の３００～４００年間は電力会社が、その後は国が引き継ぐとあります。

原発１基を廃炉にすると１００～２００トンもの高レベルのゴミが出るそうです。全くあきれてしまいます。なんと無責任な話でしょう！　このところ全国各地で地震が頻発し、火山の爆発だって起こっているこの国に、深さ３００ｍ以上のところに安定した岩盤があるのでしょうか？　たとえあったとしても、全国の廃炉の原発ゴミを引き受けてくれるでしょうか？　あきれてものが言えません。10万年先の人類まで迷惑をかけ続けるわけです。

「10万年の管理」は可能なのでしょうか。だいたい今から10万年前がどんな時代だったか想像できますか？　記事によると現人類がアフリカから世界に広がり始める前だそうです。そしてここから10万年後の未来を想像できる人がいるのでしょうか。その10万年先まで日本という国、国の政府が存在していると、原発関係者は本気で思っているのでしょうか…。トホホな気分になってしまいます。

原発事故も後片付けのめどすら立っていないうちに、もう原発は再稼動しています。廃炉にしても大量の原発ゴミが出るのに、これ以上核のゴミは出すべきではありません。即刻原発を止めて、出してしまったゴミの管理に知恵とお金を使うべきです。未来人に少しでも迷惑をかけないためにも――。

10万年後に文字や言葉が変わっているかもしれないので、欧米では危ないゴミが埋まっている目印として、石碑に各国の言語や絵文字、数式などを刻むことが検討されているそうです。ちなみに放射性物質の半減期はセシウム137→30年、アメリシウム→７３８０年、プルトニウム→２４０００年、ハフニウム182→９００万年。

気が遠くなります。

ヒゲ父ちゃんが想い描く、すぐそこにある未来（２０１６年11月）

「30年後」とか「はるか10万年後」など、想像するのがむずかしい未来ではなく、わずか「5年後」の明るい未来を、私は想像しています。

原発事故から常にくやしい気持ちがいっぱいで「コンチクチョー!」とつぶやきながら、

山のような難題を乗り越えてきました。真暗闇の3年前、なんとか希望の光を見い出そうと「えすぺり」を建設しました。風評被害の嵐の中、小さい船を出航させましたが、行く先々で大波を受け、沈みかけながらも精いっぱい前に進めました。そんななか、一緒に船に乗ってくれる生産者が増え、また応援してくれるたくさんのお客さんがあり、私たちが求めていた、その光を見つけることができました。私にとって一番うれしかったのは、生産者に笑顔が戻ってきたことでした。

そして5年目、新たな動きがスタートしました。私の住む集落（約250戸100ヘクタールの田畑）で、現在農業法人の設立を進めています。会社の名前は「株式会社ほりこしフォーライフ」（ＦｏｒＬｉｆｅ・「一生」「ずーっと」）です。ここ堀越地区でずーっと安心して暮らせるよう願いを込めて付けました。荒廃しかけている山村をなんとか自分たちの力で食い止め、農業を中心とした地域作りに取り組んでいます。

若いふたりの後継者を中心に据え、ベテラン農家が脇を固め、農産物の生産、販売はもとより加工や飲食の提供、加えてソーラー発電やバイオマスなども視野に入れながら、構想を練っています。また耕作放棄された畑を耕し、菜の花の種をまく計画が今年から始まり、来春にはいくつもの花畑が出現します。今後それらをどんどん広げていく予定です。

福島の農家は、それぞれ大きなダメージを受けましたが、それは大きく変わるチャンスでもあります。私たちはこの地域をもっと素敵に変えていくつもりです。

黄金色の稲穂が揺れ、四季折々の野菜が育ち、たわわに実った果実もある、菜の花畑で子どもたちが遊び、ミニ牧場で子豚が走る、そんな豊かな農村が福島にあるということを示していきたいのです。

「5年後」の未来に向けて――。

あとがき

夫が通信を出し始めた理由は、自分の有機農産物についての信頼を得るためでした。農薬・化学肥料を使った野菜と比べると、虫喰いの跡があったり、多少見た目が劣るかもしれませんが、大きな違いはありません。「無農薬だということをどうやって証明するの？」と、お客様から尋ねられたことがキッカケだったそうです。

「慣行農法の野菜より甘み、旨みがあって柔らかいですよ」と答えても、味覚には個人差があります。

そこで「自分という人間を信じてもらうしかない。毎週農産物と一緒に、通信を欠かさず届けよう」と夫は34年前から週に一度の発行を続けています。

原発事故前は「やさい通信」、えすぺり建設の半年後からは「えすぺり通信」を、夫は夜中までかかって眠気と戦いながら書くのですが、それは顧客との約束を一枚一枚とはたしていく作業でもあります。

通信を書くことは夫にとって仕事と生活の一部であり、広くつながっていて下さる方々への求愛とも言えます。私たちの想い、行動を知っていただく大変素朴なツールです。

そしてこの通信をたどることは、ともに歩いてきた私たちの半生を確かめることになります。始めは農薬の害についてなど情報伝達が主な内容でした。徐々に結婚、子育てなど個人的な話題や社会の出来事について触れるようになりました。私も交替で原稿を書くことになり、その時々の喜び、驚き、悲しみ、憤りなどを正直に残してあり、大変良い記録になっています。

「電気」という便利なエネルギーを不可欠なものとして生活をし、無知なままに原発は作られ、思いもかけない原発事故に振り回された私たちの今後の動きも、ていねいに記録していきたいと思っています。

晴れた日にはソーラー発電とソーラークッキングがうれしく、雨の日にはタンクに溜まる水の音を楽しみ、ほどほどの風の吹く日の喜びにいずれは小さな風車を建てたいと希望しています。

そう　私は
お日様追い人
雨乞う人
そして風待ち人になるのです

私はそうしたこの星に負荷をかけない暮らしこそが、病んだ地球への最終的な治癒になると信じています。

この星は一部の先進国といわれる人々の所業によって汚され、熱せられた苦しさに大風や大雨、人を死なすほどの熱線、光線を発し始めたのです。

子どもたちや孫や横につながる幾多の人々が、これからもこの星に安息の日々を得られるために、私たち市民ができることは、どんなにささやかなことでもきっとあるはず、無益ではないはずです。

まだまだ学ぶこと、実践することは山のようにあるのです。

10年後、20年後、この福島で、この国で、そしてこの地球で何が起き、どう変わっていくのかわかりません。私たちの判断が正しいのか、間違っているのか、時間の経過を待つしかありません。私たちは初めの覚悟通りこの地を耕し、農産物のデータを添えて提供しながら、集い、語り、笑い、歌い、そして人形劇をやっていきます。

幸いなことに、２０１６年5月、一緒に農業をしている長男に素晴らしいパートナーができ、今後ふたりが中心となって、「えすぺり」は野菜中心のレストランとして新しい展開を見せることになりました。東日本大震災と原発事故から5年、右往左往、髪振り乱して動いてきた私たち夫婦にとって、まるでごほうびのようなふたりの結婚です。

今回私たちの通信を一冊の本にまとめ上げることにご尽力いただいたロシナンテ社の四方

さん、東京シューレ出版の小野さんに心からお礼を申し上げます。

私たちの拙文から、私たちの生きざまをすくい上げてくれたこと、本当にうれしく思います。

見境なく走ってきた私たち夫婦ですが、そしてきっとこれからも、それぞれの終末まであれこれ混乱するかもしれませんが、日々楽しみながら生きたいと思っております。

最後にこの本を手に取り、読んで下さった方に心より感謝申し上げます。

ありがとうございました。

著　者　略　歴

大河原多津子（おおかわら　たつこ）

1954年　福島県郡山市生まれ。
1985年　結婚と同時に田村市船引町で就農。
　　　　半年後から夫と、劇団「赤いトマト」の活動を始める。
2013年　隣町三春に、直売所兼レストラン「えすぺり」をオープン。
　　　　また、一人人形芝居「太郎と花子のものがたり」の上演を始める。

大河原　伸（おおかわら　しん）

1956年　福島県田村市生まれ。
1982年　有機農業を始めると同時に「やさい通信」を発行。
2011年　福島原発事故後、被災した農民の歌を歌い始める。

原発事故から這いあがる！
有機農業ときどき人形劇

大河原 多津子　大河原 伸・著

発　行　日　2017年2月10日 初版発行
発　行　人　小野 利和
発　行　所　東京シューレ出版
〒136-0072
東京都江東区大島 7 - 12 - 22 - 713
TEL ／ FAX　03-5875-4465
ホームページ　http//mediashure.com
E-mail　info@mediashure.com

装丁・本文デザイン　髙橋 貞恩
装　　画　大河原 ひかり
DTP 制作　イヌヲ企画
印刷／製本　モリモト印刷

定価はカバーに印刷してあります。
ISBN　978-4-903192-32-1 C0036

Printed in Japan